やきものの美と用
― 芸術と技術の狭間で ―

加藤 誠軌 著

内田老鶴圃

口絵 **1.1.1** 「西国立志編」の挿絵[*1]

英國の窰地烏徳(ウエチウット)の幼き時疾(やまい)を得て不具と成しが、其國の陶器の粗なるを憂ひ、数年工夫して精巧の品を造り出し國の大益を成せり。云々

[*1] 「西国立志編」第三版、中村正直訳（明治 10 年頃）ウエッジウッド社所蔵

扉絵　野々村仁清　色絵・雉(きじ)・香炉、加賀前田家伝世品、石川県立美術館所蔵
　　　雄）長径：47.6 cm（国宝）、雌）長径：37.5 cm（重要文化財）

口絵 **1.2.1** 世界最大「やきもの」の狸、信楽　高さ 8 m、重さ 22.5 ton
三つに分けて成形し、焼成したのち接合してつくられた

口絵 **1.4.1**　景徳鎮古陶瓷歴史博覧区での下絵付け風景（生掛け）

口絵 1.5.1　ワグネル先生記念碑、東京工業大学

口絵 2.1.1　粉彩　龍透彫文・壺
景徳鎮窯、清・乾隆時代
高さ：24.6 cm（中国上海博物館）

口絵 2.1.2　鍋島
色絵・岩牡丹植木鉢文・大皿
江戸時代、17世紀、口径：30.9 cm
（重要美術品、栗田美術館）

口絵 **2.1.3** 赤坂迎賓館　正餐用洋食器、150人揃、合計2340個、大倉陶園製作

口絵 **2.1.4** 金襴手伊万里
五艘船図・鉢、江戸時代、17世紀後半、口径：43.7 cm（出光美術館）

口絵 **2.1.5** 備前　矢筈口水指
銘破れ家、桃山時代、高さ：20.8 cm（重要文化財、石川県　松雲学園）

口絵 **2.2.1** 飛青磁 花生
龍泉窯、南宋-元時代、高さ：27.4 cm
（国宝、大阪市立東洋陶磁美術館）

口絵 **2.2.2** 青磁 鳳凰耳・花生
銘萬声、龍泉窯、南宋時代、高さ：
30.8 cm（国宝、久保惣記念美術財団）

口絵 **2.2.3** 曜変天目茶碗
建窯、南宋時代、12-13 世紀
口径：12.2 cm
（国宝、静嘉堂文庫美術館）

口絵 **2.2.4** 油滴天目茶碗
建窯、南宋時代、12-13 世紀
口径：12 cm
（国宝、大阪市立東洋陶磁美術館）

口絵 2.2.5　玳玻(たいひ)天目茶碗
　吉州窯、南宋時代、口径：11.7 cm
　(国宝、萬野(まんの)美術館)
　玳玻は鼈甲(べっこう)のこと、茶碗内側の紋様は
　截紙(きりがみ)細工を用いてつくる

口絵 2.2.6　朝鮮の生活雑器から国宝に
　出世した井戸茶碗　銘喜左衛門
　口径：15.5 cm（大徳寺孤篷庵）

口絵 2.2.7　秋草文・壺
　渥美(あつみ)窯、平安時代、12世紀
　高さ：40 cm（国宝、慶応義塾大学）

口絵 2.2.8　志野　茶碗　銘卯花墻(うのはながき)
　美濃窯、桃山時代、15世紀
　高さ：9.6 cm（国宝、三井文庫別館）

口絵 2.2.9　本阿弥光悦　白楽・茶碗
江戸時代、17世紀、高さ：11.6 cm
（国宝、サンリツ服部美術館）

口絵 2.2.10　野々村仁清
色絵・藤花文・茶壺、江戸時代
高さ：28.8 cm（国宝、MOA美術館）

口絵 2.2.11　火炎形縄文土器
B.C. 2000-3000 年、新潟県十日町市
笹山遺跡出土、高さ：26 cm
（国宝、新潟県十日町市）

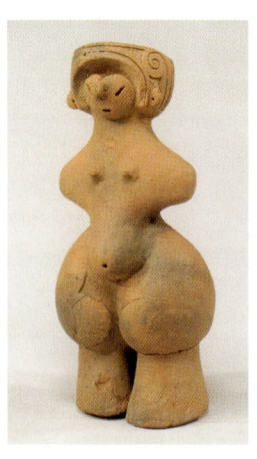

口絵 2.2.12　土偶
通称：縄文のヴィーナス、B.C. 2000-
3000 年、長野県茅野市米沢棚畑遺跡
出土、高さ：27 cm
（国宝、長野県茅野市）

口絵 2.2.13 埴輪
挂甲（けいこう）の武人の上半身、群馬県太田市
飯塚町出土、高さ：131 cm
（国宝、東京国立博物館）

口絵 2.2.14 塑像（そぞう） 月光菩薩像
奈良時代、高さ：225 cm
（国宝、東大寺法華堂）

口絵 2.2.15 塑像 伐折羅（ばさら）大将像
高さ：162 cm（国宝、新薬師寺）

口絵 2.2.16 高松塚古墳の壁画
（国宝、奈良県明日香村）

口絵 2.3.1　青磁　香炉　銘千鳥
南宋時代、直径：9.1 cm
（大名物、徳川美術館）

口絵 2.3.2　青磁　刻花牡丹唐草文・瓶
耀州窯、北宋時代、高さ：16.7 cm
（重要文化財、大阪市立東洋陶磁美術館）

口絵 2.3.3　白磁　刻花蓮花文・洗
定窯、北宋時代、高さ：24.5 cm（重要文化財、大阪市立東洋陶磁美術館）

口絵 2.3.4　青花　蓮池魚藻文・壺
景徳鎮窯、元時代、高さ：28.2 cm
（重要文化財、大阪市立東洋陶磁美術館）

口絵 2.3.5　長次郎　黒楽・茶碗
銘俊寛、江戸時代、17世紀
口径：11.3 cm
（三井文庫別館）

口絵 2.3.6　長次郎　赤楽・茶碗
銘無一物、桃山時代、16世紀
口径：11.2 cm
（重要文化財、頴川美術館）

口絵 2.3.7　三島手・壺　粉青沙器
印花菊花文・壺、李朝時代、15世紀
高さ：37.6 cm
（大阪市立東洋陶磁美術館）

口絵 2.3.8　粉引・茶碗　松平粉引
李朝初期、口径：14.8 cm
（大名物、畠山記念館）

口絵 2.3.9 瀬戸 天目茶碗
室町時代、15世紀、口径：12.3 cm
（瀬戸市歴史民族資料館）

口絵 2.3.10 美濃 白天目茶碗
伝武野紹鷗所持、室町時代、口径：
12.1 cm（重要文化財、徳川美術館）

口絵 2.3.11 志野 矢筈口水指
銘古岸、美濃窯、桃山時代、16世紀
直径：19.2 cm
（重要文化財、畠山記念館）

口絵 2.3.12 鼠志野 茶碗 銘峯紅葉
美濃窯、桃山時代、16世紀
口径：14 cm
（重要文化財、五島美術館）

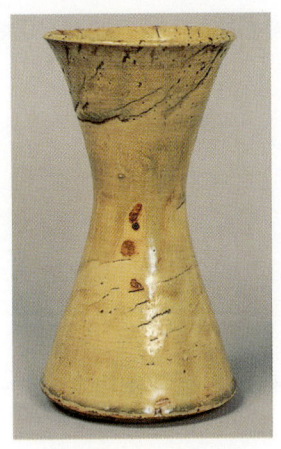

口絵 2.3.13 黄瀬戸 立鼓花入
銘旅枕、安土桃山時代、高さ：20.9 cm
（重要文化財、久保惣記念美術館）

口絵 2.3.14 本阿弥光悦 黒楽・茶碗
銘雨雲、江戸時代、17世紀、口径：
12.4 cm（重要文化財、三井文庫別館）

口絵 2.3.15 野々村仁清
色絵・山寺図・茶壺、高さ：22.3 cm
（重要文化財、根津美術館）

口絵 2.3.16 野々村仁清 色絵・若松遠
山図・茶壺、高さ：26.3 cm
（重要文化財、文化庁）

口絵 2.3.17　尾形乾山　色絵十二ヶ月歌絵皿の一部（MOA 美術館）
　　　　　　　左）一月　　　右）二月

口絵 2.4.1　曜変天目茶碗
　　建窯、南宋時代、12-13 世紀
　　直径：12.2 cm（国宝、藤田美術館）

口絵 2.4.2　安藤堅の曜変天目茶碗

口絵 3.1.1　版築(はんちく)工法でつくられた玉門関址の墻壁(しょうへき)

口絵 3.1.2　中国・雲南省の奥地・西双版納(シーサンパンナ)の傣族(タイ)の野焼風景
薪(たきぎ)の上に成形した土器を並べ、その周囲を穂先(ほさき)を上にした藁束(わらたば)で覆(おお)い、赤土の泥でそれを塗りつぶしてから火をつける。焼成時間は15時間程度である
世界・炎の博覧会、有田（1993年）に出演

口絵 **3.2.1** ファイアンスの河馬
第12王朝（エジプト・カイロ博物館）

口絵 **3.2.2** ファイアンスのネックレス
ツタンカーメン王の装身具
（エジプト・カイロ博物館）

口絵 **3.2.3** イシュタール門の雄牛の彩釉浮彫煉瓦、B.C. 6-5世紀
雄牛は嵐と雨の神アダトの聖獣である
（ドイツ・ベルリン・ペルガモン博物館）

口絵 3.2.4　黒絵式陶器
アキレウスとその父の伝説
B.C. 570年頃（イタリア・ナポリ国立考古学美術館）

口絵 3.2.5　赤絵式陶器
サルペドンの遺骸を運ぶ、タナトスとヒュプノス、B.C. 515年頃（ニューヨーク・メトロポリタン美術館）

口絵 3.2.6　イスファハンのイラン宮殿の装飾タイル

口絵 3.2.7　イスパノ・モレスク大皿
スペイン・マニセス窯、15世紀
（フランス・パリ・ルーヴル美術館）

口絵 **3.2.8** ラスター彩紋章文・鉢
スペイン・マニセス窯、1450-75年
口径：46 cm（英国・ロンドン・ヴィクトリア＆アルパート美術館）

口絵 **3.2.9** マジョリカ焼色絵・皿
イタリア・ウルビーノ窯、1540年
（フランス・パリ・ルーヴル美術館）

口絵 **3.2.10** マジョリカ焼・水差
16世紀
（イタリア・ファエンツァ陶磁美術館）

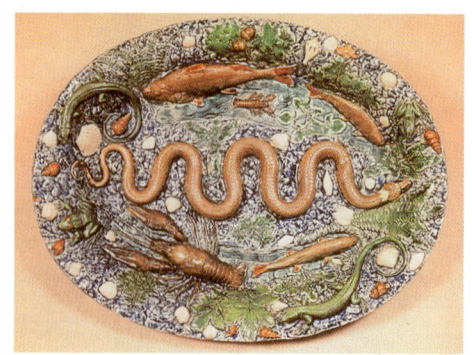

口絵 **3.2.11** 小動物を浮彫にしたパリッシーの陶器、16世紀後半
長径：35 cm
（フランス・パリ・ルーヴル美術館）

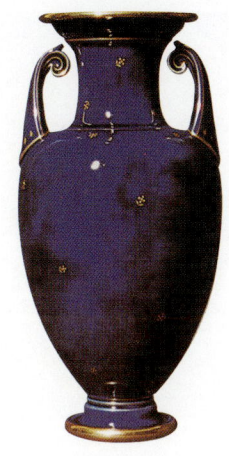

口絵 3.2.12　セーブル・ブルーの花瓶
セーブル窯

口絵 3.2.13　デルフト錫釉陶器　皿
1610–30年、直径：34 cm
（フォイマンス・ファン・フォイニンゲン美術館、オランダ・ロッテルダム）

口絵 3.2.14　デルフト錫釉タイル
藍絵聖書物語図、18世紀、各 12 cm
角（オランダ・ハーグ・政府芸術コレクション）

口絵 3.2.15　塩釉炻器　髭徳利
1530年頃、高さ：21 cm
（ドイツ・ケルン工芸博物館）

口絵 **3.2.16** 朱泥炻器 ティーポット
マイセン窯、1710-13年
高さ：10 cm
（ドイツ・ドレスデン国立美術館）

口絵 **3.2.17** 色絵・柿右衛門写し
甕割図・八角皿、マイセン窯、1725年
頃、口径：21.5 cm
（ドイツ・ドレスデン国立美術館）

口絵 **3.2.18** 磁器 ティーポット
マイセン窯、1725年、高さ：14 cm

口絵 **3.2.19** ボーン・チャイナ
スポード窯

口絵 **3.2.20** ブラック・バサルト
ミケランジェロの壼、1772年頃
(ウエッジウッド本社)

口絵 **3.2.21** ジャスパー・ウエア　壼
1785-90年、高さ：35.5 cm
(ノッティンガム城美術館)

口絵 **3.2.22** ポートランドの壼
アレクサンドリア、B.C.25年頃
高さ：26 cm (大英博物館)

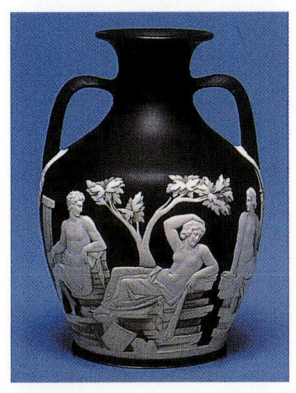

口絵 **3.2.23** ポートランドの壼
ウエッジウッド窯、第1期作品
1789年

口絵 3.3.1 加彩灰陶
雲気文獣環耳・壺、前漢時代
高さ：56 cm（出光美術館）

口絵 3.3.2 緑釉陶　壺
後漢時代、高さ：42.0 cm
（大阪市立東洋陶磁美術館）

口絵 3.3.3 唐三彩　女人倚像
唐時代、高さ：45 cm
（出光美術館）

口絵 3.3.4 唐三彩　貼花文・壺
唐時代、高さ：24.4 cm
（重要文化財、静嘉堂文庫美術館）

口絵 **3.3.5** 青磁 天鶏壺、越州窯
六朝時代、高さ：48 cm
（東京国立博物館）

口絵 **3.3.6** 青磁
刻花牡丹文・多嘴(たし)壺、磁州窯、北宋時
代、高さ：33.5 cm（出光美術館）

口絵 **3.3.7** 青磁 盤(ぱん) 汝官窯
北宋時代、径：22.0×15.5 cm
（大阪市立東洋陶磁美術館）

口絵 **3.3.8** 青磁 茶碗 銘馬蝗絆(ばこうはん)
龍泉窯、南宋時代、口径：15.4 cm
（重要文化財、東京国立博物館）

口絵 3.3.9 白磁 劃花蓮花文・輪花鉢
定窯、北宋時代、口径：26.5 cm
（重要文化財、静嘉堂文庫美術館）

口絵 3.3.10 青白磁 獅子鈕蓋・水注
景徳鎮窯、北宋時代、高さ：19.7 cm
（出光美術館）

口絵 3.3.11 青花 双龍文・扁壺
景徳鎮窯、元時代、高さ：38.9 cm
（出光美術館）

口絵 3.3.12 青花 騎馬人物文・壺
景徳鎮窯、元時代、高さ：34.0 cm
（出光美術館）

口絵 **3.3.13** 釉裏紅 菊唐草文・瓶
景徳鎮窯、明・洪武時代
高さ：32.2 cm（戸栗美術館）

口絵 **3.3.14** 釉裏紅 芭蕉文・水注
景徳鎮窯、元末-明初時代
高さ：33.8 cm（出光美術館）

口絵 **3.3.15** 祥瑞 砂金袋・水指
明末時代、高さ：18.2 cm
（泉屋博古館）

口絵 **3.3.16** 紫紅釉 輪花花盆一対
鈞窯、北宋-金時代、高さ：18.5 cm
（出光美術館）

口絵 **3.3.17** 左）電気スタンドに改造した薄胎瓷の花瓶（消灯時）
中）電気スタンドに改造した薄胎瓷の花瓶（点灯時）
右）薄胎瓷の花瓶の制作風景（上絵付け）

　図に示した伝統的な形状の花瓶は、轆轤で上中下の三つの部分に分けてつくる。素地がかなり乾燥してから手作業で紙のように薄く削ってつくった部品を泥漿で接合して仕上げる。本焼成した花瓶はこの継ぎ目が盛り上がっている。泥漿鋳込み法でつくる安物の花瓶にはこのような継ぎ目は存在しない

口絵 **3.3.18** 黄地紅彩龍文・壺
景徳鎮窯、明・嘉靖時代、高さ：27 cm
（大阪市立東洋陶磁美術館）

口絵 **3.3.19** 色絵・牡丹（ぼたん）文・皿
景徳鎮窯、明・萬暦時代
口径：38.6 cm（出光美術館）

口絵 3.3.20　法花　宿禽図・大壺
景徳鎮窯、明・嘉靖時代
高さ：44.5 cm（重要文化財、大阪市立東洋陶磁美術館）

口絵 3.3.21　粉彩　梅樹文・盤
景徳鎮窯、清・雍正時代
口径：17.3 cm
（重要文化財、東京国立博物館）

口絵 3.3.22　青磁　竹鶴文・象嵌・梅瓶
高麗時代、12世紀、高さ：29 cm
（大阪市立東洋陶磁美術館）

口絵 3.3.23　白磁
陽刻四君子文・角瓶、李朝時代
18世紀、高さ：20.4 cm
（大阪市立東洋陶磁美術館）

口絵 3.4.1 土師器 高坏
奈良時代、8世紀、高さ：9.6 cm
（重要文化財、東京国立博物館）

口絵 3.4.2 須恵器 長頸瓶
古墳時代、7世紀、高さ：55 cm
三重県鳥羽市蟹穴古墳出土
（東京国立博物館）

口絵 3.4.3 三彩 磁鉢
奈良時代、口径：26.9 cm
（正倉院御物）

口絵 3.4.4 三彩 有蓋壺
奈良時代、伝神奈川県川崎市登戸出土、高さ：16.5 cm
（重要文化財、東京国立博物館）

口絵 **3.4.5** 緑釉 青瓷(あおし) 手付水注(みずさし)・碗・皿、平安時代、11世紀
群馬県前橋市総社町山王廃寺跡出土
水注の高さ：24.6 cm（重要文化財、群馬県立歴史博物館）

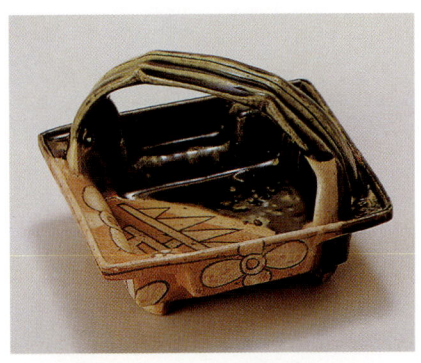

口絵 **3.4.6** 織部 四方手(よほう)・鉢
桃山時代、17世紀、長径：21.8 cm
（重要文化財、湯木美術館）

口絵 **3.4.7** 黒織部 沓形(くつ)・茶碗
銘わらや、桃山時代、17世紀、長径：
13.7 cm（重要文化財、五島美術館）

口絵 **3.4.8** 絵唐津 柿文・三耳壺
桃山-江戸時代、高さ：17.1 cm
（出光美術館）

口絵 **3.4.9** 薩摩
染付鳳凰文・開口花瓶、第十二代沈寿
官、高さ：38 cm、江戸時代末期
（寿官陶園）

口絵 **3.4.10** 伊賀 耳付花生
桃山時代、高さ：28.6 cm
（東京国立博物館）

口絵 **3.4.11** 萩 伊羅保写し・茶碗
江戸時代、17世紀、口径：13.8 cm
（山口県立美術館）

口絵 **3.4.12** 左）備前、火襷・水指、桃山時代、16世紀
高さ：13 cm（重要文化財、畠山記念館）
右）藁を巻いたところに火襷が現れる

口絵 **3.4.13** 尾形乾山・尾形光琳合作　呉須・金銀彩松波文・蓋物、江戸時代
幅：23.4 cm、奥行：23.8 cm（出光美術館）

口絵 3.4.14 初期伊万里
吹墨兎文様・中皿、江戸時代、17世紀、口径：19.9 cm

口絵 3.4.15 古九谷様式
色絵・蝶 牡丹文・大皿、江戸時代 17世紀後半、口径：35.0 cm
（東京国立博物館）

口絵 3.4.16 柿右衛門様式
色絵・菊文・壺、江戸時代、17世紀 高さ：20.0 cm（戸栗美術館）

口絵 3.4.17 柿右衛門様式
色絵・応龍文・陶板、江戸時代 17世紀後半、大きさ：24.2×25 cm
（東京国立博物館）
同じ品物が京都西本願寺・転輪蔵内部の腰瓦に使われている

口絵 3.4.18 染錦手
花弁文・砂金袋形・甕、高さ：43 cm
飾り金具は欧州製
（オランダ王室コレクション）

口絵 3.4.19 染付 芙蓉手・VOC字文・
大皿、1690-1720年代
口径：37.0 cm
（源右衛門古伊万里資料館）

口絵 3.4.20 鍋島
色絵・牡丹文・水注、高さ：31 cm
（静嘉堂文庫美術館）

口絵 3.4.21 古清水 色絵・雪輪亀甲
文・花器、17世紀、長径：24.4 cm
（滴翠美術館）

口絵 **3.4.22** 奥田頴川
呉須赤絵写　四方隅切・平鉢
径：30.6 cm（東京国立博物館）

口絵 **3.4.23** 青木木米
染付・龍濤文・提重、高さ：23.0 cm
（東京国立博物館）

口絵 **3.4.24** 仁阿弥道八
色絵・桜紅葉文・大鉢、口径：41.3 cm
（京都国立博物館）

口絵 **3.4.25** 永楽保全　金襴手・鉢
高さ：8.8 cm（ボストン美術館、モースコレクション）

口絵 **3.4.26** 旭焼　雀絵・飾り皿
口径：30 cm、明治 18 年
（東京工業大学）

口絵 **3.4.27** 旭焼
葡萄栗鼠文様・飾りタイル
明治 26-27 年
（東京工業大学）

口絵 **3.4.28** 板谷波山
葆光彩磁・鸚鵡唐草彫筬模様・花瓶
高さ：25 cm（出光美術館）

口絵 **3.5.1** トンボ玉
B.C. 5-4 世紀、中国洛陽金村出土
（東京国立博物館）

口絵 **3.5.2** ローマン・カメオ・グラスの
アンフォラ、1 世紀、色被せガラスの
容器を彫刻してつくる、ポンペイ出土
（ナポリ・国立考古学美術館）

口絵 **3.5.3** 白瑠璃・碗
ササン朝、4-5 世紀、口径：12 cm
（正倉院御物）

口絵 **3.5.4** 円文カットグラス・碗
ササン朝、4-5 世紀、口径：11.8 cm
（岡山オリエント美術館）

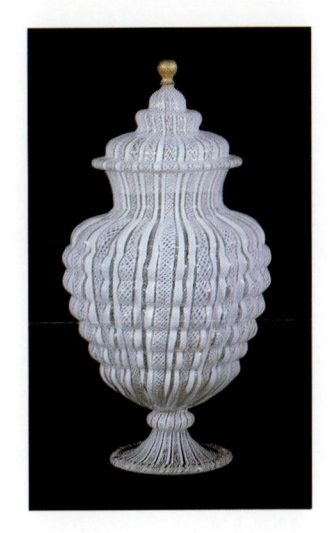

口絵 **3.5.5** ヴェネチアン・グラス
蓋付きレースグラス、16世紀後半
高さ：22.8 cm
（コーニング・ガラス美術館）

口絵 **3.5.6** ボヘミアン・グラス
色被せカットグラス肖像文・コップ
19世紀初頭、高さ：14.2 cm
（コーニング・ガラス美術館）

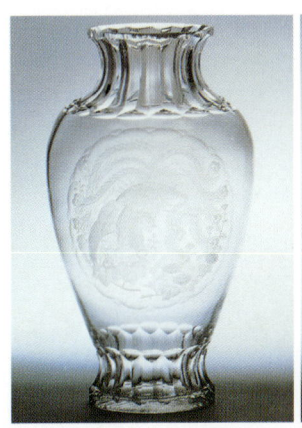

口絵 **3.5.7** 各務鑛三　菊桐鳳凰文・花瓶、高さ：54 cm（三の丸尚蔵館）

口絵 3.5.8 乾隆ガラス
白地紅色楼閣瑞祥文・蓋付き壺
高さ：21.6 cm（サントリー美術館）

口絵 3.5.9 エミール・ガレ
蜻蛉文・香油瓶、高さ：12.3 cm
（サントリー美術館）

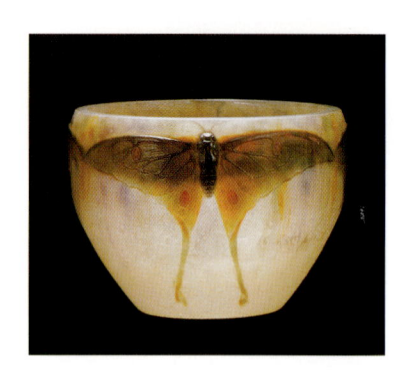

口絵 3.5.10 パート・ド・ベール
鉢、20世紀初頭、高さ：7.6 cm
（コーニング・ガラス美術館）

口絵 3.5.11 薩摩切子
藍色切子・船形・鉢、大きさ：18×10
cm（サントリー美術館）

口絵 3.5.12　ケルン大聖堂南側廊下のステンドグラス、18世紀
　　　　　左）預言者ダニエルの像　　　中左）預言者エレミアの像
　　　　　中右）聖人ルカ像　　　　　　右）聖人ヨハネ像

口絵 3.5.13　並河靖之
　　七宝　黒地四季花鳥模様・花瓶
　　高さ：36 cm
　　（皇室御物、三の丸尚蔵館）

口絵 3.5.14　七宝　文化勲章
　　橘の五弁の花の中央に三つ巴の勾玉を配し、鈕にも橘の実と葉が用いられている

口絵 **4.1.1** 霧島神宮に奉納された「さざれ石」

口絵 **4.2.1** 角閃石・容器
エジプト先王朝時代、直径：22 cm
（エジプト・カイロ博物館）

口絵 **4.2.2** ラムセス 2 世のスフィンクス、石灰岩、エジプト第 19 王朝時代 スフィンクスはギリシア語で、ライオンの力強さと人間の知恵を兼備した王権を現す、高さ：19 cm
（エジプト・カイロ博物館）

口絵 **4.2.3** ミロのヴィーナス
（フランス・パリ・ルーヴル美術館）

口絵 4.2.4 初代ローマ皇帝・アウグストス像、A.D. 104-129 年（バチカン美術館）

口絵 4.2.5 モザイク壁絵 旅回りの楽師たち、ポンペイ遺跡（ナポリ・国立考古学美術館）

口絵 4.2.6 菩薩立像の上半身 石灰岩・彩色・金彩、東魏-北斉時代 高さ：196 cm、山東省青州市龍興寺址出土（青州市博物館）

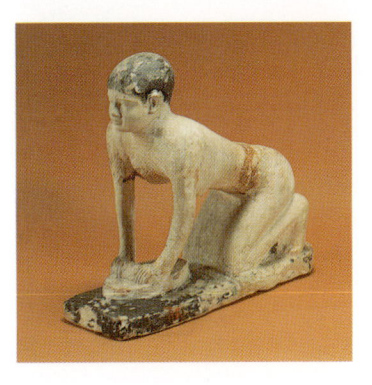

口絵 4.2.7 粉を碾く女召使いの像 石灰岩、第五王朝時代、高さ：29 cm（エジプト・カイロ博物館）

口絵 **4.4.1** 紅玉髄とガラスのネックレス（パキスタン・ハラッパー博物館）

口絵 **4.4.2** 紅縞瑪瑙のカメオ B.C. 175 年頃（ナポリ・国立考古学美術館）

口絵 **4.4.3** 玉龍
新石器時代・紅山文化、B.C. 4000–3000 年、遼寧省建平県牛河梁出土（遼寧省文物考古研究所）

口絵 **4.4.4** 龍鳳文・透彫・玉飾
前漢時代、外径：10.6 cm
広東省広州市南越王墓出土（西漢南越王墓博物館）

口絵 **4.4.5** 金縷玉衣、前漢時代、全長：188 cm
2498 片の玉片を総重量：1.1 kg の金糸で綴り合わせてある
河北省満城県満城漢墓出土（河北省博物館）

口絵 **4.4.6** 絲縷玉衣、前漢時代、全長：173 cm
2291 片の玉片を絹糸と絹のリボンで綴り合わせた復元品
広東省広州市南越王墓出土（西漢南越王墓博物館）

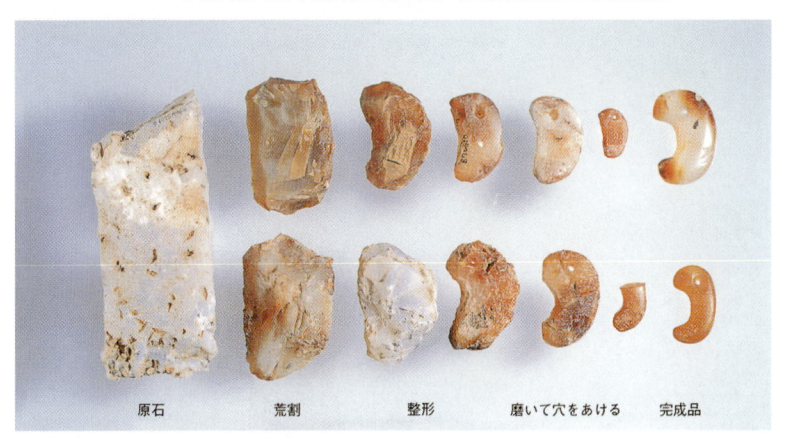

原石　　荒割　　整形　　磨いて穴をあける　　完成品

口絵 **4.4.7** 勾玉の制作工程

1月：ガーネット	2月：アメジスト	3月：アクアマリン
4月：ダイヤモンド	5月：エメラルド	6月：真珠
7月：ルビー	8月：ペリドット	9月：サファイア
10月：オパール	11月：トパーズ	12月：トルコ石

口絵 **4.4.8** 誕生石

口絵 4.4.9 アレキサンドライト　左）自然光線　右）電灯光線

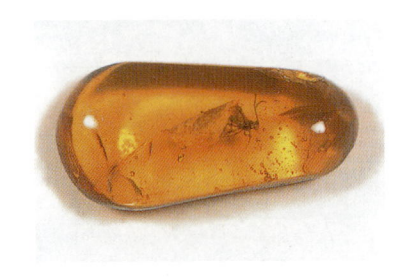

口絵 4.4.10 カボッション・カットしたオパール

口絵 4.4.11 昆虫が封入されている琥珀

口絵 4.4.12 クリソベリル・キャッツ・アイ

口絵 4.4.13 スター・サファイア

1) 窒化アルミニウム基板

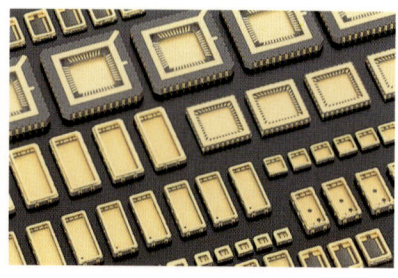

2) フラット・パッケージ

3) 圧電セラミックス

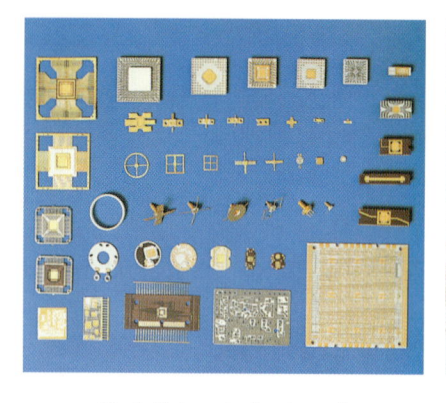

4) 誘電セラミックス

5) セラミックパッケージ

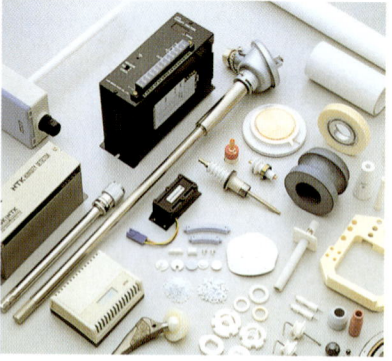

6) 応用セラミックス

口絵 **5.1.1** 先進セラミック部品の例（その1）

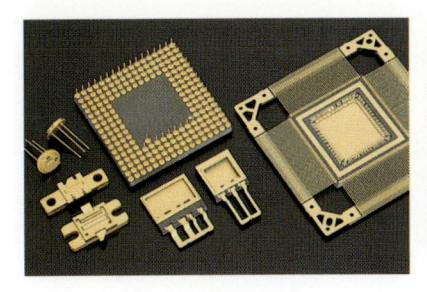

1) 多層回路基盤 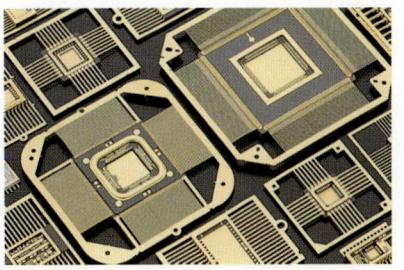 2) リードレス・チップキャリア

3) アルミナセラミックス  4) バイオセラミックス

5) セラミック工具  6) 圧電セラミックス

口絵 **5.1.2**　先進セラミック部品の例（その 2）

左）硬質陶器　紅茶碗皿、大正9年、我が国最初のトンネル窯製品
右）硬質陶器　急須、明治29年、我が国最初の純白色硬質陶器

左）高圧碍子、明治39年、我が国最初の高圧碍子
右）蒸発皿、明治41年頃、我が国最初の化学磁器

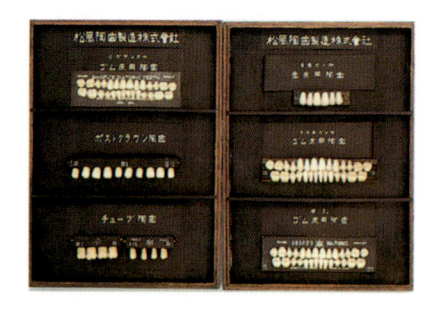

左）手押し成形タイル、明治30年以前
右）陶歯、大正11年、我が国最初の陶歯見本

口絵 **5.3.1**　平野陶磁器コレクションの一部

やきものの美と用

― 芸術と技術の狭間で ―

はしがき

　前著「やきものから先進セラミックスへ」に対する読者の意見の第一は「白黒写真では実体が分からない」というものでした。「やきもの」の話では抽象的な議論よりも色刷り写真が役に立つようです。この本では、本文中の100枚のモノクロ写真に加えて、200枚近くのカラー写真からなる口絵を用意しました。

　「やきもの」の本は無数にありますが、ほとんどは美術や工芸の立場から書いた本です。この本は工学の視点から書いた最初の「やきもの芸術論」で、日本の美の本質に迫ります。

　現代の日本人は世界で一番の「やきもの」好きです。諸外国では陶芸を職業にすることは至難の技ですが、日本列島には陶芸作家が溢れています。著名な陶芸家の作品とあれば何百万円でも引く手は数多という盛況です。何しろ色刷りの陶芸雑誌が何万部も売れる陶芸天国なのです。日本各地には伝統的な「やきもの」の産地が百以上もあって、どこの窯元でも愛好家の列が絶えることがありません。町の陶芸教室は大繁盛です。芸大の陶芸科をはじめとする陶芸の専門教育も盛んです。陶芸は日本の伝統工芸のほぼ半分を占めています。

　その反面、大学の工学部では「やきもの」の研究者が皆無になりました。大学や国立研究機関の「やきもの」研究室はすべて先進セラミックスに転進しました。現在の日本ではセラミック材料の工学教育は金属材料や高分子材料の工学教育の一割にも達していません。セラミック材料の専門家は非常に少ないのです。古い「やきもの」と先進セラミックスの両方に通じた人は工学部にはいなくなりました。現在では「やきもの」は芸大の守備範囲で、工学の対象ではありません。これはなぜでしょうか？

　最新のIT関連機器、たとえば携帯電話には芥子粒よりも小さい先進セラミック部品が数百個も組み込まれています。電子セラミックス産業は伝統的な「やきもの」産業を凌駕して急速に発達しています。そしてこの分野では日本企業が圧

倒的な力をもっています。これはなぜでしょうか？

　セラミックスの国宝や重要文化財がいくつあるかをご存知ですか？　本書をお読みになれば異常に少ないことがお分かりでしょう。これはなぜでしょうか？

　「やきもの」に対する日本人の美意識は外国人から見るとかなり異質なようです。1563年に来日したイエズス会司祭のフロイスは報告書の中で「日本人はひびが入った古い陶器や土器を宝物とする」と書いていますが、それは現在まで続いています。これはなぜでしょうか？

　道具は役に立つことが肝心です。何の役にも立たない道具は無用の長物です。しかし美しい道具は人の心を和ませます。この国の人は昔から「やきもの」の美を愛し続けてきました。日本人の美の基準が外国の人達と違うのはなぜでしょうか？

　美術評論家はこれらの疑問に何も答えてくれません。ぜひ読者各位のご意見をお聞かせ下さい。

　本書の校正は湘南工科大学材料工学科の木枝暢夫助教授にお願いしました。

　内田老鶴圃の内田悟社長と笠井千代樹氏には編集・出版について格別のお世話になりました。

　採用した写真の多くは著名な美術館や博物館の収蔵品です。

　これらの方々と諸機関に心から感謝します。

　　2001年9月15日

　　　　　　　　　　　　　　　　　　　　　　　　　　　　加藤　誠軌

目　　次

口　　絵 …………………………………………………………………… *1〜48*
はしがき …………………………………………………………………… iii〜iv

1 「やきもの」の基礎知識 ………………………………………… 1〜45

1.1 「やきもの」の概念と用語 ……………………………………… 3
「やきもの」の概念　セラミックスの定義（狭義）
セラミックスの語源　中国の「やきもの」　日本の「やきもの」
文明開化とセラミックス　窯業の近代化

1.2 「やきもの」の種類と性質 ……………………………………… 7
「やきもの」の分類　釉　「やきもの」の種類
「やきもの」の特性　「やきもの」の微細組織
「やきもの」の技術水準　「やきもの」の限界
「やきもの」の参考書

1.3 「やきもの」の原料 ……………………………………………… 13
「やきもの」の素地　磁器の原料　粘土質原料　長石質原料
珪石質原料　原料の粉砕と水簸　原料の配合と混練
「やきもの」の色

1.4 「やきもの」の製造技術 ………………………………………… 21
1.4.1 「やきもの」の成形
塑性成形　泥漿鋳込み成形　粉体の加圧成形
1.4.2 「やきもの」の加飾
素地の加飾　釉の種類　鉛釉　灰釉　鉄釉　白磁釉　青磁釉
貫入　下絵　上絵

1.4.3 「やきもの」の焼成

　　窯炉　温度測定　素焼と締焼　磁器の焼成　焼成収縮と変形

　　カオリンの加熱変化　伝統セラミックスの焼成過程

1.5 窯業の発達 ……………………………………………………………33

　　セラミックスの定義(広義)　洋式技術の導入

　　窯業における先覚企業家　ワグネル　窯業の技術水準

　　窯業の生産統計　セメント　コンクリート　ガラス

　　ガラスの用語　ガラス産業　材料　セラミック材料の専門教育

　　伝統セラミックスの参考書

2 「やきもの」の美 …………………………………………………47～92

2.1 日本人の美意識 ………………………………………………………49

　　美術と工芸　中国瓷器　朝鮮磁器　西洋磁器　日本磁器

　　日本美の特徴　不斉の美　不足の美　日常的な美

　　南蛮人の価値観　骨董

2.2 国宝と美 ………………………………………………………………58

　　文化財保護法　重要文化財に指定されている「やきもの」

　　国宝に指定されている「やきもの」

　　重要文化財や国宝に指定されている考古資料

　　国宝の「やきもの」がなぜ少ないか？

2.3 喫茶と茶陶 ……………………………………………………………62

　　茶樹の適地　中国における喫茶　紅茶の文化

　　日本における喫茶　茶の湯　輸入雑器　和陶の進歩

　　名物と大名物　お茶壺道中　家元制度　茶道具の鑑賞基準

　　和食器

2.4 陶芸天国 ………………………………………………………………75

　　陶芸天国日本　伝統工芸　民芸運動　前衛陶芸

　　作者の銘と無名陶工　陶芸と現代科学

　　　　　技術の伝承と公開　造形の意欲　陶芸天国を支える力
2.5　「やきもの」の真贋 ……………………………………………83
　　　　　本物と偽物　擬態　代用品　人工品と合成品
　　　　　美術品の模写と複製　特撮技術の発達
　　　　　文化財の修復　贋作　「やきもの」の市場価値　永仁の壺事件
　　　　　佐野乾山事件　高麗青磁詐称事件　「やきもの」の科学鑑定
　　　　　古九谷の産地

3　世界の「やきもの」……………………………………………93〜134

3.1　「やきもの」の発明 ……………………………………………95
　　　　　日干煉瓦　楔形文字　塑像　土器の発明
　　　　　都市文明の誕生　中国の土器　縄文土器　弥生土器
　　　　　古墳時代の「やきもの」
3.2　西方世界の「やきもの」 ……………………………………103
　　　　　古代エジプトの「やきもの」　鉛釉の誕生
　　　　　古代ギリシアの「やきもの」　古代ローマの「やきもの」
　　　　　イスラム圏の「やきもの」　イタリアの「やきもの」
　　　　　フランスの「やきもの」　オランダの「やきもの」
　　　　　ドイツの「やきもの」　イギリスの「やきもの」
3.3　東洋の「やきもの」 …………………………………………110
　　　　　青銅器文明　統一国家・秦　緑釉陶器と三彩陶器
　　　　　灰釉陶器と鉄釉　青磁　白磁　青花　祥瑞　薄胎瓷
　　　　　赤絵　景徳鎮　朝鮮の「やきもの」
3.4　日本の「やきもの」 …………………………………………116
　　　　　須恵器の登場　奈良時代の「やきもの」
　　　　　平安時代の「やきもの」　中世の「やきもの」
　　　　　茶陶の登場　色絵陶器の発達　伊万里磁器の開発
　　　　　江戸時代末期の「やきもの」　瀬戸の新製磁器

viii　目　次

　　　　近代工芸としての「やきもの」　旭焼　オールド・ノリタケ
　　　　ノベルティー
　3.5　**ガラス工芸と七宝** ·· 128
　　　　コアー・グラス　トンボ玉　吹きガラス　ローマン・グラス
　　　　ササン・グラス　ヴェネチアン・グラス
　　　　ボヘミアン・グラス　カットグラス　乾隆ガラス
　　　　アール・ヌーヴォー　パート・ド・ベール　薩摩切子
　　　　ステンドグラス　ガラス工芸の素材　琺瑯　七宝
　　　　七宝の技法　実用琺瑯　セラミックコーティング

4　天然セラミックス ·· 135〜164

　4.1　**岩石と鉱物** ·· 137
　　　　「やきもの」と岩石の類似　岩石は天然セラミックス
　　　　岩石の種類　岩石・鉱物　岩石の定義
　　　　鉱物の定義　地殻　マグマ　火成岩　堆積作用
　　　　堆積岩　変成岩　粘土
　4.2　**古代文明と石材** ·· 145
　　　　旧石器時代　新石器時代　エジプト文明と石材
　　　　古代ギリシア・ローマ文明と石材　中国文明と石材
　　　　石臼　砥石
　4.3　**石材の種類** ·· 151
　　　　石材の利用　石材に要求される性質
　　　　代表的な石材　御影石　大理石　安山岩
　　　　玄武岩　凝灰岩　青石　蛇紋岩
　4.4　**宝飾品** ·· 160
　　　　宝石と宝飾品　古代の装身具　宝石の処理　代表的な宝石

5　先進セラミックス …………………………………………………165〜184

5.1　先進セラミックスとは ……………………………………………167
先進セラミックスの歴史　先進セラミックスの生産額
新しいセラミックスの名称　ファインセラミックス
先進セラミックスの種類　代表的な先進セラミック部品
先進セラミックスの定義　制約がない先進セラミックス

5.2　先進セラミックスの特徴 …………………………………………174
これまでにつくられた先進セラミックス

5.3　電子セラミックス ……………………………………………………177
電子セラミックスの特色　セラミック部品の小型化
セラミック部品の量産　電子部品の集積度
日本の電子セラミックス

5.4　先進セラミックスの将来 …………………………………………180
先進セラミックスと伝統セラミックス
群盲触象　夢の先進セラミックス
日本の中堅技術者　セラミックス技術博物館
平野陶磁器コレクション

付表・付図 ……………………………………………………………185〜190
元素の周期表
日本の主な窯場　中国の主な窯場
ゼーゲル錐の熔倒温度

索　引 …………………………………………………………………191〜200

1 「やきもの」の基礎知識

1.1 「やきもの」の概念と用語
1.2 「やきもの」の種類と性質
1.3 「やきもの」の原料
1.4 「やきもの」の製造技術
1.5 「窯業」の発達

1.1 「やきもの」の概念と用語

「やきもの」の概念

　「やきもの」は1万年以上の歴史をもつだけに、伝統セラミックスに関する用語とそれらの概念、そして定義は、国によって、民族によって、時代によって、人によってもかなりの差があることを認識してほしい。これは通俗書でも専門書の記述でも同じである。ここでは伝統セラミックスに関係がある用語と概念について歴史と背景をふまえて解説する。

　本書は制限漢字にこだわらない。ガイシは碍子、セッコウは石膏、ろ過は濾過、かんらん岩は橄欖岩と書く。ケイ素（Si, silicon）とケイ酸塩（silicate）は「珪素」と「珪酸塩」と記述する。

セラミックスの定義（狭義）

　セラミックスには狭い意味と広い意味とがある。
　狭い意味でのセラミックスは「やきもの」のことで、これに異議を唱える人はいない。正確にいえば「非金属無機物質の粉体を成形し、乾燥し、焼成して得られる固体」がセラミックスである。陶磁器、瓦、煉瓦、タイル、土管、蛸壺、甕、衛生陶器、耐火物、碍子、化学磁器、陶歯、植木鉢、縄文土器、埴輪、博多人形、鉛筆の芯などがこれに該当する。
　広い意味の定義については1.5で説明する。

セラミックスの語源

　古代ギリシアでは、陶工をケラメウス（κεραμευξ）、陶工がつくる製品とその原料をケラモス（κεραμοξ）、陶工の居住区をケラメイコス（κεραμεικοξ）と呼んだ。「やきもの」を意味する欧州各国語は古代ギリシア語に由来している。英語ではセラミック（ceramic）、ドイツ語ではKeramik、フランス語ではcéramique、イタリア語とスペイン語では ceramica である。

英語では形容詞としては、セラミック・エンジンのようにセラミックを用いる。名詞としては、米国セラミック学会の用語集（Ceramic Glossary, 1984）では、単数は ceramic、複数を ceramics と規定している。英国では 1930 年のセラミック学会で単数でも複数でも ceramic でよいと決めたが、一般には複数には ceramics が使われている。

日本語は単数と複数の区別が曖昧である。名詞としてはセラミックでもセラミックスでも間違いではない。

中国の「やきもの」

西欧では「やきもの」のことを china とか chinaware と呼ぶように、中国では古くから「やきもの」が発達していた。

「陶」は土を捏て焼いた「やきもの」全般を指す。日本でいう土器も含めて陶で、土器という言葉は使わない。「瓦」は素焼の土器のことであったが、後に屋根を葺くかわらの意味になった。「磚」は壁、塀、敷瓦などに用いる煉瓦のことで、いろいろな形がある。

磁器は絹と並んで中国を代表する発明品である。「磁」は本来は鉄を吸引する石のことである。「やきもの」の「磁」はもともとは「瓷」と書いて、堅く緻密に焼結した「やきもの」を意味していた。これを磁と書くようになったのは、河北省の磁州窯で原始的な磁器がつくられたからである。現在の中国ではどちらの文字でも通用する。なお、瓷は「じ」または「し」と読む。

「窯」という字は「穴の中で生贄の羊を火で炙る」ことを意味する象形文字で、窯は神聖な場所であった。

現代中国語では、ケイ素（Si, silicon）は「硅素」、ケイ酸塩（silicate）は「硅酸塩」と書く。

日本の「やきもの」

日本各地の遺跡で出土した土器や木炭が最新の分析装置で研究された結果、15000 年以前の遺物がいくつも見つかっている。

日本の「やきもの」は中国と朝鮮の影響を強く受けながらも、独自の歩みをたどって発達した。「中国は磁器の国」で、それ以外の「やきもの」は雑器扱いである。日本の「やきもの」の大きな特徴は「多種多様」なことである。「日本は陶器の国」といわれて、陶器も重視する点が中国と著しく異なる。

　現在では日本の「やきもの」産業の60％以上が中京地区に集中している。これは名古屋市の近郊で良質の粘土が産出することに関係している。

　江戸時代は焼物(やきもの)のたぐいを総称して陶器(とうき)と呼んでいた。「瀬戸物」とか「唐津物」という単語も「やきもの」の代名詞であった。「やきもの」関連の用語としては、陶工、製陶、陶業、陶説、陶法、釉薬(ゆうやく)、薬(くすり)、茶碗、本業(ほんぎょう)、新製などが使われた。

文明開化とセラミックス

　明治の文明開化と共に西欧の科学技術が堰(せき)を切ったように導入された。

　「天は自ら助くる者を助く」の格言ではじまるスマイルズ著、中村正直(まさなお)訳の「西国立志編」*¹ 明治4年刊は合計100万部も売れて、福沢諭吉の「西洋事情」と並んで文明開化期の日本人に大きな影響を与えた（**口絵 1.1.1「西国立志編」の挿絵**）。人口4000万の時代の話である。その中で使われているセラミック関係の訳語を挙げると、陶器、土器、磁器、磁坯、製磁工場、粘土、大理石(マーブル)、磚石(せんせき)、焼磚窯(しょうせんよう)、竃(かまど)、玻璃(はり)、玻璃窯、製錬術(ケミストリー)、化学(ケミストリー)、陶工などがある。この本では陶工として、仏国のパリッシー、独国のベトガー、英国のウエッジウッドの三人を取り上げている（3.2参照）。

　明治4年、明治新政府は岩倉具視を全権大使とする大規模な使節団を米欧諸国に派遣した。彼らは一年半をかけて世界を一周し、延べ12ヵ国のありとあらゆる施設や制度を調査した。ガラス工場と陶磁器工場も数個所見学した。その公式記録「特命全権大使米欧回覧実記」*² 明治11年刊の中で使われているセラミックス関係の単語を挙げると、陶器、磁器、白磁、磚瓦(せんが)、素焼(すやき)、陶石、陶泥、鑪(ろ)

---

*1 「西国立志編」スマイルズ著　中村正直訳、講談社学術文庫（1981年）
　　原著：Samuel Smiles, "Self Help"（1859年）
*2 「特命全権大使米欧回覧実記」1-5　久米邦武、岩波文庫（1977年）

室、染付(そめつけ)、画焼青(ごす)、石灰、石膏(せっこう)、大理石(マーブル)、金剛石(ダイヤモンド)、金剛沙、磨礱(マロー)、鉄砧(てついた)、硅石(ひうちいし)、玻璃(ガラス)、硅酸(けいさん)、硅土、石炭、化学、硫酸、硝酸、曹達(ソーダ)などがある。著者の久米邦武は佐賀藩出身の儒者(じゅしゃ)であったが、理学や工学も勉強して陶器にも詳しかった。

窯業の近代化

明治期のエンジニア教育は明治 6 年（1873 年）の工部大学校の開校で幕を開けた。洋式の実業教育は同 14 年の東京職工学校の開校にはじまる。同 19 年、同校に陶器玻璃工科が新設された。同 23 年には東京職工学校が東京工業学校と改称され、同 27 年には陶器玻璃工科が窯業科と改められた。

「窯業(ようぎょう)」と聞くと古くさいという印象が強いであろうが、昔からあった言葉ではない。窯業は ceramic industry の訳語で、窯という字と業という字を組み合わせた術語である。東京職工学校の植田豊橘教授が明治 20 年に提案した。

図 1.1.1 「特命全権大使米欧回覧実記」の初版本

1.2 「やきもの」の種類と性質

「やきもの」の分類

　世界中の「やきもの」は多種多様である。それらを分類・整理することは大事な作業で、さまざまな分類方式が提案されてきた。しかし誰もが納得できる立派な分類は現実には存在しない。

　近代科学を導入する前の我が国では、伊万里焼のように硬い「やきもの」を「石焼（いしやき）」、それ以外の軟らかい「やきもの」を「土焼（つちやき）」と区別したり、陶石を粉にしてつくる「やきもの」を「石もの」、粘土でつくる「やきもの」を「土もの」と区別する程度の分類しかなかった。

　「やきもの」を磁器とその他の「やきもの」に分類することは、現在でもよく行われる。英国では、磁器をポースレン（porcelain）、陶器をポッタリー（pottery）と呼んで、両者は別の品物と考えている。陶工は potter、轆轤（ろくろ）は potter's wheel である。ポッタリーはラテン語の poterium すなわち「飲酒用の器」に由来する。アメリカでは、陶磁器をホワイトウエア（whiteware）という。工業用の磁器はポースレン、日常的な磁器はチャイナ、陶器はアーズンウエア（earthenware）と呼んでいる。

　「磁器」という言葉が一般に使われるようになったのは明治初期からのことである。やがて「陶磁器」という合成語がつくられて明治の中期に普及した。明治29年には京都市立陶磁器試験所が設置された。明治末期になると「陶磁器」という言葉を「陶器」に代わって「やきもの」の総称として使う傾向が強くなった。それに加えて、「やきもの」の総称として「陶器」という言葉を使うのは間違いであるという説も主張されたらしい。

　現在では「やきもの」の総称として、「陶器」と「陶磁器」と「陶磁」が無秩序に混用されている。「やきもの」一般を表すのに「瀬戸物」とか「唐津物」という言葉も使われている。

1 「やきもの」の基礎知識

　西欧で「やきもの」を分類するようになったのは19世紀後半からである。明治40年（1907年）頃のことであるが、フランスの分類などを参考にして、「陶磁器」を、土器、陶器、炻器、磁器の四つに分類するという提案が行われた。
　この分類方式は現在でもよく使われているが、これによって「やきもの」の総称であった「陶器」という言葉を狭い意味にも使うことになった（表1.2.1）。

表 1.2.1 「やきもの」の分類

種　類	素　地	釉	焼成温度
土　器	吸水性大	不問	600–900 °C
陶　器	吸水性有	施釉	900–1300 °C
炻　器	緻密・不透明	不問	1000–1350 °C
磁　器	緻密・透光性	施釉	1200–1500 °C

　この表以外にもいろいろな分類方式が提案されてきた。しかし世界中の「やきもの」は千差万別・多種多様で、それらを例外なしに合理的に分類することは無理である。これは分類が難しい生物について、蝙蝠やカモノハシは鳥か獣かと詮索するのに似ている。というわけで「陶器」という言葉や「やきもの」の分類方式については昔から物議が絶えない。

釉

　「やきもの」と釉（釉薬、glaze）は切っても切れない縁がある。釉は上薬とも、単に薬ともいう。グレーズという言葉はラテン語で光沢をつけるという意味がある。釉はガラス質で、施釉した「やきもの」は光沢があって、汚れても簡単に洗い落とすことができる。
　釉は細かく分類すると数えきれないほどの種類がある。それらの釉は透明釉と不透明釉に大別できる。白さと透光性を重視する白磁は、純白の素地に無色の透明釉をかけて焼成してつくる。陶器は着色した素地に不透明釉を施して焼成する場合が多い。

「やきもの」の種類

表 1.2.1 の分類にしたがって「やきもの」の性質を説明する。

土器（earthenware）は、粘土で成形した器を乾燥して 600–900 ℃に焼いてつくる。いわゆる野焼で得られる最高温度は 800 ℃程度であるから、窯がなくても製造できる（口絵 3.1.2 野焼風景）。不純物が多い粘土を使うので焼成後の素地は着色している。焼成温度が低いから、素地は多孔質で、吸水性が大きく、強度が弱く、叩くと鈍い音がする。縄文土器、弥生土器、埴輪、伏見人形、博多人形、京焼人形、今戸焼、土鈴、植木鉢などがこれに含まれる。ほとんどは施釉しない。

狭い意味での陶器（pottery）は 900–1300 ℃で焼成するので、かなり緻密に焼結しているが若干の吸水性がある。陶器は施釉するものが多い。萩焼、粟田焼、薩摩焼、織部焼、美濃焼、笠間焼、益子焼、室内用タイル、衛生陶器、テラコッタなどがこれに含まれる。

炻器（stoneware）は不純物が多い素地で成形して、石のように硬く焼き締めた「やきもの」である。素地は濃く着色していて、吸水性がなく、叩くと金属音を発する。素地は不純物が多いほど焼結しやすいから、磁器に比べて少し低い温度で焼成できる。ドイツの Steinzeug、イギリスの stoneware、備前焼、伊賀焼、信楽焼、丹波焼、常滑焼、万古焼、赤膚焼、ジャスパー・ウエア、屋外用タイルなどがこれに属する。炻という字は国字（和製漢字）で、明治 40 年に考案された。

磁器（porcelain）は技術的には頂点に位置する「やきもの」で、白磁と青磁に大別される。磁器は高温で焼成するため、素地が緻密で吸水性がなく、叩くと金属音を発する。白磁は素地が白くて透光性がよいほど高級品で、鉄やチタンなど不純物が極力少ない原料を用いてつくる。青磁は若干の鉄を含む不透明な素地に、少量の酸化鉄を含む透明釉を厚くかけて還元炎で高温焼成してつくる。有田焼、瀬戸焼、清水焼、九谷焼、砥部焼、出石焼、会津本郷焼、ボーン・チャイナ、碍子、陶歯などは磁器製品である。登窯で松の薪を焚いて得られる最高温度は 1300 ℃で、それ以上の温度で焼成するにはガス窯や石炭窯などを用いる。

マイセン、セーブル、ウエッジウッド、ミントン、リチャードジノリ、ロイヤルコペンハーゲンなどのヨーロッパの磁器や、景徳鎮の磁器は、原料の種類やそれらの配合比などが日本の磁器とは全く違う。

欧州では、煉瓦、瓦、タイルなどの建設用の「やきもの」や耐火物などの比重が我が国に比べて非常に大きかった。

「やきもの」の特性

「やきもの」に共通する特長は第一に化学的に丈夫で長持ちすることである。何しろ材質的に最も弱い土器でさえ1万年の風雪に耐えるのである。熱に強い、燃えない、腐らない、錆びない、薬品に強い、傷がつかない、減らない、硬いなど、過酷(かこく)な条件に耐えるという性質は有機物や金属の追従(ついじゅう)を許さない。

「やきもの」の欠点は何といっても脆(もろ)くて壊(こわ)れやすいことである。機械的衝撃(しょうげき)や、急熱・急冷に弱いという性質はなかなか克服(こくふく)できない。「やきもの」は焼成後の機械加工が難しいから、乾燥や焼成による収縮(しゅうしゅく)を見込んで成形し、乾燥し、焼成してつくる。

表 1.2.2 「やきもの」の特性

長所：耐久性、耐熱性、耐食性、耐摩耗性、高硬度、絶縁性、芸術性など
欠点：脆性、機械的・熱的衝撃に弱い。後加工が難しい
原料：地殻を削って精製した複雑な珪酸塩鉱物の混合物である
鉱物：長石、珪石、陶石、粘土、石灰石など
成分：SiO_2, Al_2O_3, K_2O, Na_2O, CaO, MgO, Fe_2O_3 など
組成：原料の産地や採掘個所で組成が変化する
結晶：多結晶体である
純度：不純物が多い
種類：多種多様である
組織：いくつもの化合物が絡み合った多相系の複雑な組織をもつ
製造技術：経験とノウハウの塊である

「やきもの」の微細組織

焼成した「やきもの」は焼成前の生素地とは全く違う複雑な組織（texture）を

もっている。原料中に含まれている珪酸塩鉱物や粘土鉱物が高温に加熱されると、熱分解、焼結、熔化（ガラス化）、固相反応など、いろいろな現象が起こって、全然別の複雑な複合材料に変化しているのである。

磁器の組織を詳しく調べると、微細な結晶の集合体（これを多結晶という）であることが分かる。すなわち、クリストバライト（シリカの高温多形）の微小結晶とムライト（$3Al_2O_3 \cdot 2SiO_2$）の針状結晶が絡み合っていて、その隙間をガラス相が埋めている構造である。磁器が透光性を示すのは、素地が熔化していて、透明釉を施してあるからである。多結晶体であることが「やきもの」の特徴の一つである。

「やきもの」の技術水準

「やきもの」の原料は、地殻を形成している岩石や粘土を採掘して精製して用いる。岩石や粘土を構成している珪酸塩鉱物は、長石、珪石、陶石、粘土などで、それらの主な成分は SiO_2、Al_2O_3、K_2O、Na_2O、CaO、MgO、Fe_2O_3 などである。原料の組成やそれらを構成している鉱物や粘土鉱物の種類は産地や採掘する場所で著しい差があって、高純度の原料は限られている。世界の各地でつくられている「やきもの」は多種多様である。産地によって原料や配合そして焼成条件が異なるし、つくられた「やきもの」の素地はすべて違う複雑な組織をもっている。

このような複雑な天然原料からつくる「やきもの」の技術水準は高い。

磁器の洋皿であれば、100枚も重ねて横から見たときに、すべてが厳密に揃っていなければ一流品とはいえない。寸法精度とともに衝撃強度が重視され、白色で透光性が優れてなければいけない。

粘土瓦、陶管、煉瓦、植木鉢などは1kgで10-50円程度の極めて安い製品である。これらは安価な雑粘土を配合してつくる。1枚が50-100円と安い粘土瓦でいえば、年間を通じて±1mm以内の精度を維持しているし、100回を越える凍結・融解試験でも亀裂を生じない製品がつくられている。伝統的な「やきもの」の製造技術は先人が長い年月をかけて習得した経験とノウハウの塊である。

「やきもの」の限界

　ファインセラミックスが発達して、小さくて精密な「やきもの」を製造する技術は非常に進歩した。しかし人類は現在でも大きなセラミックスをつくるのが苦手である。

　滋賀県の信楽(しがらき)には高さが8 m、重さが22.5 tonもある「やきもの」の狸が立っている。しかしこれは粗粒の骨材を素地に混合して焼成時の「へたり」を防いで何とか焼き固めた品物である（口絵1.2.1 世界最大「やきもの」の狸)。

　組織が均一な磁器の皿は直径2 m程度、磁器の壺は高さ2 m程度が、世界中のどこの窯場でも製造できる限界である。

　科学的に追及しても簡単には解決できない問題がたくさんある。これを象徴(しょうちょう)する難問に曜変（耀変(ようへん)）天目がある。これに挑戦してよく似た作品をつくった人はいるが、完全な再現には成功したとはいえない。またつくり方も公表されていない（2.4参照）。

　窯変(ようへん)は「やきもの」が窯の中で炎の当たり具合によって生ずる変化をいう。科学的な解明や制御が難しい天然原料の窯変現象は芸術には最適であるが、工学には向いていない。先進セラミックスで天然原料が使われない第一の理由はここにある。

「やきもの」の参考書

　「やきもの」の本は無数にある。「やきもの事典」[*3]の付録には、約800冊の書名が、「日本陶磁史・概論」、「中国陶磁史・概論」、「朝鮮陶磁史・概論」、「東南アジア・中近東・ヨーロッパなどの陶磁」、「地域別研究書・図録」、「原始・古代・中世」、「茶陶」、「東西交流・貿易に関する文献」、「特殊研究書」、「事典・辞書」、「技術書・入門書」、「全集」、に分類・掲載されている。

[*3] 「やきもの事典　増補」平凡社（2000年）

1.3 「やきもの」の原料

「やきもの」の素地

　「やきもの」は粘土だけでつくることもできる。しかし伝統的な「やきもの」の製造では複数の原料を混合して用いる。これは原料に、成形しやすいことと、焼成温度範囲の広いことが要求されるので、一種類の原料ではこの条件を満足できない場合が多いからである。

　「やきもの」の素地は粘土質物に長石質と珪石質の岩石の粉砕物を加えてつくる。粘土質物は素地を成形するのに必要な可塑性（plasticity）を備えている。長石質物は素地の融点を下げるフラックス（融剤、flux）である。珪石は可塑性を調整して素地の乾燥による亀裂を防止する役割をもっている。○○質物は○○質の物質という意味である。

　普通陶磁器の原料配合例を図1.3.1に示す。

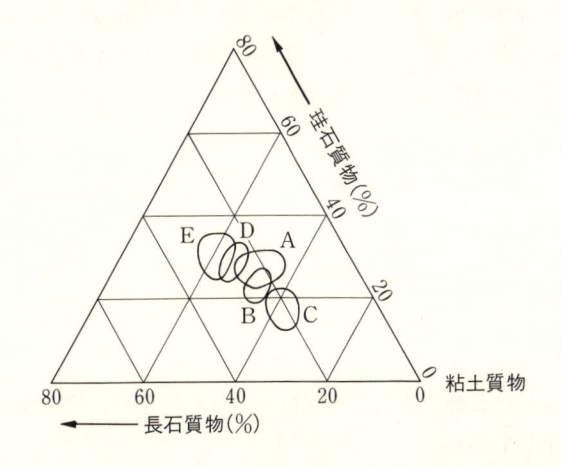

A：一般家庭用磁器
B：ホテル用食器
C：厨房用磁器
D：美術磁器
E：軟磁器

図 1.3.1　普通陶磁器の原料配合例

この種のセラミックスを総称して、伝統セラミックス（traditional ceramics）、古典セラミックス（classic ceramics）、珪酸塩セラミックス（silicate ceramics）、汎用セラミックス（conventional ceramics）などと呼ぶ。そしてそれらの産業を窯業とか、珪酸塩工業（silicate industry）と称する。窯業は地球を削って加工する産業であるといえる。

伝統セラミックスの製造に天然原料が使われる理由は「安い」からである。たとえば、瓦や煉瓦の原料となる粘土などは 2000-5000 円/ton 程度であるが、最も安い合成原料であるアルミナは低品位の粉末でも 100000 円/ton 程度はする。

磁器の原料

世界中で使われている磁器の原料はさまざまである。

有田など日本の伝統的磁器は有田泉山や天草で産出する陶石の水簸物でつくる。陶石は石英と絹雲母（セリサイト、sericite）を主成分としているから、原料は絹雲母-石英系である。これに対して瀬戸の磁器の原料は、粘土-長石-石英系である。日本でつくられている洋食磁器の原料は、陶石-粘土-長石系か、粘土-長石-石英系である。大倉陶園の磁器の原料は、朝鮮カオリン：72％、福島長石：18％、石英：10％である。

中国を代表する景徳鎮（Jingdezhen）磁器の原料は瓷土と瓷石である。瓷土は景徳鎮から 50km ほど離れた高嶺（高陵）山で採掘される粘土で、カオリナイトを 50-75％ 含んでいる。瓷石は景徳鎮の近郊で採掘される岩石で、天草陶石に近い原料である。瓷石を粉砕・精製して煉瓦状に干し固めたものを白不子（petuntze）と呼ぶ。精製したカオリンと白不子を 50-50 ないし 30-70 の比率に混合した坯土で成形する。

欧州の一般磁器の原料は、カオリン-長石-石英系で、カオリン：51-66％、長石：12-29％、石英：15-26％である。ボーンチャイナの原料は、骨灰：20-60％、カオリン：12-45％、長石：8-22％、石英：9-20％である。

現在では適当な比率に配合した各種の素地土を原料メーカーから購入できる。陶芸家の多くもそれらを利用している。

粘土質原料

　粘土（clay）は長石などが風化・分解してできた粘り気がある土で、地球の特産物である。粘土に水を加えてつくる坏土(はいど)（練土(ねりつち)、body）には可塑性があって自由に成形できる。それを乾燥して 500 ℃程度に加熱すると水に溶けなくなる。埴(はに)という字は細かい粘土を意味している。「埴生の宿」の歌で有名な埴生(はにゅう)は埴のある土地、埴輪は埴でつくった「やきもの」のことである。clay という言葉は古代ギリシア語の膠(にかわ)という単語に由来している。

　粘土は種類が多く、それぞれの粘土で性質が異なる。粘土は地上の至る所に存在するが、良質で大量に採掘できる粘土は限られている。著名な粘土には産地や性質に関連した名前が付いている。

　代表的な粘土としては、国内では、蛙目(がいろめ)粘土、木節(きぶし)粘土、村上粘土などがある。蛙目粘土はカオリンを主成分とする粘土で、小さな石英粒子が混在して蛙の目のように見えるからである。木節粘土は粒子が細かくて遠くまで流されて堆積した粘土で、木片や亜炭が混在するのでこの名がある。可塑性が強く耐火度が高い。国外では、中国広西省のカオリン（高嶺土、高陵土、kaolin）、韓国の河東カオリン、米国のジョージアカオリンなどが有名である。

　粘土の定義は「天然に存在する微細なアルミノ珪酸塩を主成分とする土状混合物で、その粉末を湿(しめ)らせると可塑性を生じ、乾けば剛性を示し、高温で焼成すれば鋼のように硬くなるもの」である。なお、珪素の相当量をアルミニウムで置換している鉱物（長石、雲母、沸石(ふっせき)、蠟石(ろうせき)、粘土など）をアルミノ珪酸塩と総称する。

　いずれの粘土も、層状化合物である粘土鉱物の微細なコロイド粒子の集合体である。粘土鉱物には、カオリナイト、モンモリロナイト、セリサイト、ハロイサイト、パイロフィライトなど多くの種類がある。

　カオリン（kaolin）はカオリナイト（kaolinite, $Al_2O_3 \cdot 2SiO_2 \cdot 2H_2O$）を主成分とする代表的な粘土である。地表の花崗岩や片麻岩は、石英とカリウム長石と雲母からできている。カオリンはカリウム長石が風化・変質してできる。すなわち、酸性の水や熱水によって長石中のカリウムとシリカの一部が溶出して、残っ

たシリカとアルミナが水と結合してカオリンができる。岩石中の黒雲母は水に溶けている酸素によって酸化されてコロイド状の酸化鉄に変わる。花崗岩中の石英は白い砂粒として最後まで残る。天然産の粘土には必ず、未分解の長石、シリカ、雲母などの粒子、その他の不純物が混入している。

粘土鉱物を合成することは可能であるが、量産する段階には達していない。

表 1.3.1 カリウム長石とカオリンの理論組成（wt %）

物質	化学式	SiO_2	Al_2O_3	K_2O	H_2O
カリウム長石	$K_2O \cdot Al_2O_3 \cdot 6SiO_2$	64.6	18.4	16.8	—
カオリナイト	$Al_2O_3 \cdot 2SiO_2 \cdot 2H_2O$	46.3	39.8	—	13.9

長石質原料

地表の 3/4 は花崗岩と片麻岩である。両者は石英と長石と雲母からなる岩石で、長石を 60-90％も含んでいる。

カリウム長石（$K_2O \cdot Al_2O_3 \cdot 6SiO_2$）は強力なフラックスである。カリウム長石は焼成温度範囲が広く生成するガラスの粘度が非常に高いので、透光性に優れた磁器であっても高温で形状を維持できる。粘土と珪石とカリウム長石の比率を変えてフラックス効果を測定した結果を表 1.3.2 に示す。

ナトリウム長石（$Na_2O \cdot Al_2O_3 \cdot 6SiO_2$）はカリウム長石よりも熔化温度が低く、フラックス作用も強いが、変形量が大きくなり過ぎる危険性がある。

実際に産出する長石はカリウム長石とナトリウム長石との固溶体である。固溶体の熔融温度は固溶比率によって SK 3（1140 ℃）から SK 9（1280 ℃）まで広く変化する（付表参照）。

表 1.3.2 カリウム長石のフラックス効果

粘土：珪石：カリ長石	熔化温度	透光性を示す温度	熔融温度
50 : 0 : 50	1200 ℃	1250 ℃	1400 ℃
50 : 25 : 25	1300 ℃	1400 ℃	1550 ℃
50 : 30 : 20	1350 ℃	1450 ℃	1600 ℃

珪石質原料

シリカ（silica, SiO_2）は、花崗岩などの火山岩の構成物で、珪石や珪砂として大量に産出する。シリカには、石英（quartz）、クリストバライト（cristbalite）、トリディマイト（tridymite）などの多形が存在する。

多形相互間の転移には変位型転移と再配列型転移とがある。変位型転移は速やかに進行するが、再配列型転移には結晶構造の再編成が必要で転移速度は非常に遅い。室温で安定なシリカの多形は石英であるが、クリストバライトやトリディマイトも準安定相として存在する。これは相転移が再配列型で、非常に遅いからである。

それぞれの多形は結晶構造がわずかに違う高温型と低温型があって、変位型転移をする。それらの転移は SiO_2 四面体相互の角度が変化するだけで、相互に速やかに進行する。石英は 573 ℃で低温相から高温相へ変位型転移する。

1100 ℃以上では石英はクリストバライトへ再配列型転移するが、その速度は非常に遅い。石英からトリディマイトへの再配列型転移は、アルカリやアルカリ土類金属の不純物が存在するときだけ起こる。トリディマイトの存在温度域はクリストバライトより低温側にあるので、最終的にはクリストバライトに転移する。

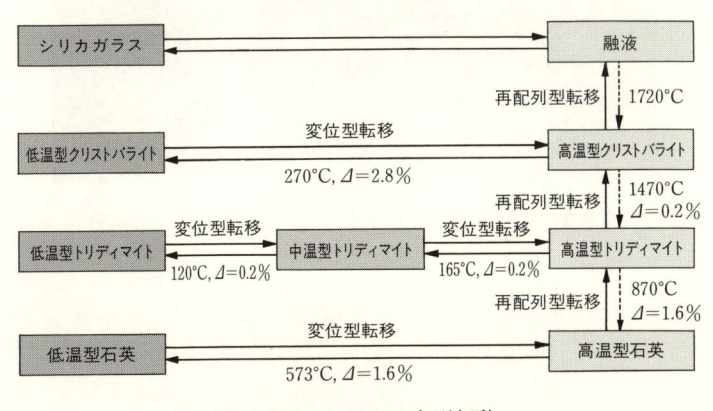

図 **1.3.2** シリカの多形転移

石英やクリストバライトの再配列型転移は大きな体積変化を伴うので、シリカの用途を制約している。それらをかなりの量含むセラミックスは、転移点を通過するときに破壊や強度低下が起こる。

原料の粉砕と水簸

陶石、長石、粘土などの原料はまず微粉末に粉砕する必要がある。昔は搗臼や碾臼（ひきうす）が使われたが、現在の粉砕機はボールミル（ball mill）が主流である。

図1.3.3は中国景徳鎮近郊での水車と搗臼による瓷石の粉砕作業である。粉砕した原料は何回も水簸（すいひ）（elutriation）して粗粒を除く。

唐臼（からうす）は流水と梃子（てこ）を利用する搗臼で、日本では九州・日田市の民窯・小鹿田焼（おんた）の窯元で見られる。

図 **1.3.3** 景徳鎮近郊での水車と搗臼による瓷石の粉砕作業

原料の配合と混練

　水簸で精製した各原料は所定の割合に配合して混練し十分に脱気する。土練りは重要な作業で、陶芸では菊揉は基本操作の一つである。工業的には真空土練機で練りと脱泡を行う。気泡を完全に除いた坏土は成形が容易でひび割れすることがない。磁器の原料はこの後数年間「ねかし」てから使う。これは貯蔵中にバクテリアが繁殖してその分泌物によって可塑性が増加するからである。

図 **1.3.4**　瀬戸の新製製作風景　土打ち、「尾張名所図会」蓬左文庫

「やきもの」の色

　「やきもの」の着色は遷移金属に原因がある場合が多い。素地や釉の中で、Si、Al、Ca、Mg、Na、Kなどの典型元素は無色であるが、Fe、Mn、Cu、Ni、Co、Tiなどがあると微量でも着色の原因となる。ほとんどの粘土には不純物として酸化鉄が含まれていて、一般に非常に微細な状態で入っている。この鉄分が「やきもの」の着色の最大の原因である。白磁の素地はチタンが多いと青黒

くなるので嫌われる。粘土の脱鉄や脱チタンは技術的に困難であるから原料の選定は重要である。

　酸化鉄を含む粘土を酸化雰囲気で加熱すると、淡黄色から赤褐色の色がつく。白く焼き上がるには酸化鉄は1％以下でなければいけない。着色は、粒子の細かさ、他の不純物の成分と量、焼成温度、焼成雰囲気や、燃料に含まれている硫黄や水分にも影響を受ける。粘土を還元雰囲気で加熱すると、2価の鉄ができて灰色から灰青色になる。

　昔から日本人は青色と緑色の区別が曖昧(あいまい)であった。五月を青葉の季節と表現するし、交通信号の緑灯を青と呼んで平気である。青磁や染付の色調は特にデリケートであるから、文学的な表現に惑(まど)わされてはいけない。

1.4 「やきもの」の製造技術

1.4.1 「やきもの」の成形

普通陶磁器の製造に使われている主な成形方法を表1.4.1に示す。

表 1.4.1　普通陶磁器の成形法

水分	原料配合物	成形法
多	泥漿	泥漿鋳込み成形
↑↓	練土	手捻り成形、轆轤成形、機械轆轤成形、押出し成形、プレス成形、型起こし成形
少	粉体	乾式プレス成形、半乾式プレス成形、静水圧プレス成形

塑性成形

　最も一般的な成形法は、坏土の可塑性を利用してつくる塑性成形（plastic forming）である。縄文土器、弥生土器、土師器などでは、紐つくり、輪積み、手捏ね（手捻り）、型起こし、などの手法で成形した。

　轆轤成形（throwing）はこの国では須恵器とともに導入した技術である。轆轤には蹴轆轤と手轆轤があって、回転方向は国や地方によって癖がある。工業生産には自動式の機械轆轤が使われている。

　押出し成形（extrusion）はパイプのように断面が均一な製品をつくるのに適している。新幹線の架線の絶縁に使われている長幹碍子は押出した生素地を数値制御旋盤で切削加工して成形している。

22　I　「やきもの」の基礎知識

図 1.4.1 景徳鎮古陶瓷歴史博覧区の手轆轤成形（左回転）
轆轤の直径が大きくて成形速度も非常に速い

泥漿鋳込み成形

　泥漿(でいしょう)を石膏型に鋳込(いこ)んで成形（slip casting）する方法で、轆轤成形が難しい形状の製品をつくるのに適している。人形のように複雑な形状の製品は分割して鋳込み成形した部品を接合してつくる。この成形法は明治初期に導入した技術で、石膏型は100回程度の使用に耐える。鋳込み成形は歪みが最少の成形法であるが、生産性がよくないのが問題である。現在では、高圧鋳込みができる生産効率と耐久性に優れた合成樹脂型が開発されていて、量産品の衛生陶器などはこの方法でつくられている。
　轆轤や泥漿鋳込みで成形した品物は十分に乾燥する。乾燥過程では8％位の収縮があって大きな製品は亀裂(きれつ)が入りやすいから特に注意が必要である。

図 1.4.2 成形・素焼・彩画・施釉、「尾張名所図会」蓬左文庫

粉体の加圧成形

　粉体を機械的にプレスする方法（dry pressing）は生産速度が大きく正確な寸法精度が得られる。タイルや耐火煉瓦などはこの方法で成形している。

　粉体を加圧成形するときには流動しやすい粉体が要求される。精密な形状・寸法を要求される電子部品の製造では、噴霧乾燥法で球形に成形した顆粒状の原料粉体を使って成形している。

1.4.2 「やきもの」の加飾

素地の加飾

　同じ形の「やきもの」でも装飾を施して変化を与えることが多い。素地の装飾技法としては、化粧土を流し掛けする（エンゴーベ、engobe）、色違いの素地土を塗る、素地土を盛り上げる、縄や紐を転がして模様をつける、櫛目をつける、素地に彫刻や透かし彫りを施す、飛鉋で模様をつける、型押しで紋様をつける

(印花)、素地に象嵌を施す、花模様など複雑な形状をもつ部品を貼付けるなど、いろいろの手法がある。

釉の種類

釉は、鉛釉、灰釉、青磁釉、鉄釉、天目釉、長石釉、錫釉、アルカリ釉、フリット釉、亜鉛釉、タルク釉、バリウム釉、結晶釉、マット釉、ラスター釉など、細かく分類すると数えきれない種類がある。

それらの釉は透明釉と不透明釉に大別できる。陶器は不透明釉を施して焼成する場合が多い。釉は塩基成分の違いから、低火度の鉛釉、高火度の石灰釉、アルカリ釉その他に区別することもできる。

施釉法には、流し掛け、浸し掛け、刷毛塗り、スプレー塗装、吹き墨、型紙吹き墨、蠟抜きなど、いろいろな手法がある。

粘土質素地の釉にはアルミナ成分が必要で、ゼーゲル式（専門書を参照せよ）で表した組成が法則から外れると釉にならない。

鉛　　釉

酸化鉛や鉛ガラスを主成分とし、各種顔料で着色する鉛釉は900℃以下の温度で焼付けて鮮やかな各色が得られる。漢代の緑釉、唐三彩、奈良三彩などは鉛釉である。唐三彩の顔料としては、白は白土、緑は酸化銅、黄色と褐色は酸化鉄、藍色は酸化コバルトを用いた。「楽焼」も鉛釉で、唐の土（塩基性炭酸鉛）や白玉（鉛ガラスの粉末）を融剤に用いる。

欧州陶器のほとんどは鉛釉である。酸化錫を加えた鉛釉は鮮やかに白濁する。これを「錫釉」と呼んで、デルフトやマジョリカなど西方世界の多くの陶器に使われている。硼酸そしてアルカリなどを加えた鉛釉も種類が多い。

灰　　釉

窯の中で灰が器に降り積もって素地と反応すると自然釉ができる。

植物灰の化学成分は、SiO_2、CaO、MgO、K_2O、Na_2O、P_2O_5、などであるが、植物ごとに組成が違うのはもちろん、成育した土地によっても成分が変化す

る。同じ植物でも、根、幹、皮、葉、種子など、部位によっても異なる。土灰（雑木の灰）、藁灰、歯朶灰、などなどいろいろな灰が使われるが、陶芸では柞灰がもっとも評価が高い。

灰釉は灰に長石などを混合して泥漿として施釉する。長石の種類や混合比によって釉の性質が大きく変化するから、実験を繰り返して最適の配合をきめる。

木灰は多量の石灰成分を含むものが多い。石灰釉は灰釉から発達した最も一般的な釉で種類が多い。石灰釉の焼成温度は1150-1350℃で、還元焼成にも酸化焼成にも使われる。中国や日本の磁器や陶器、そして欧州の硬磁器、たとえば、青磁、白磁、天目、鉄釉、衛生陶器、碍子などに使われている釉はいずれも石灰釉に属する。

鉄　釉

鉄釉は中国の宋時代に発明されたが、現地では青磁や青白磁が尊ばれたので、鉄釉は脇役の地位に留まっていた。ところが日本では民芸窯で最も多く使われているのが黒釉や天目釉など、渋い色調の鉄釉である。欧州の「やきもの」では鉄釉は使われない。

「やきもの」の色に最も影響する元素は鉄である。酸化鉄には2価（FeO）と3価（Fe_2O_3）、そして混合原子価の真黒な化合物（Fe_3O_4）があって、焼成温度と雰囲気の酸素分圧によって生成する化合物が異なる。

鉄釉は酸化鉄を8-10％、多いときには20％も含み、1200-1300℃位で焼成される。雰囲気は酸化炎の場合と還元炎の場合とがある。釉の色調は鉄分の量と雰囲気によって大きく影響を受ける。2-8％の酸化鉄を含む釉を酸化炎で焼成すると黄色から褐色の色彩が得られる。8％以上の酸化鉄を含む釉を酸化炎で焼成すると黒褐色から黒色の鉄釉となる。

白 磁 釉

白さと透光性を重視する白磁は、純白の素地で形をつくり、無色の透明釉をかけて1300℃以上の高温に焼成してつくる。素地や釉の中に、Fe、Mn、Ti、Cuなどの元素を含まないことが要求される。青白磁には微量（0.5％程度）の鉄分

を含む釉を用いる。

青磁釉

　青磁は鉄分が若干ある素地で器をつくり、少量（1-3％）の酸化鉄を含む透明釉を掛けて、還元炎で高温焼成してつくる。青磁の青色は2価の鉄イオン（Fe^{2+}イオン）と FeO 微結晶の色である。Fe^{2+} イオンの色は窓ガラスの断面の色である。それに加えて無数の細かい気泡ができていて、深みに引き込まれるように感じる青磁の色が生まれる。鉄の濃度が大きいと Fe_2O_3 が析出して黄濁するから、淡色の釉を厚く掛ける必要がある。二度掛け・二度焼きすることもある。白磁の素地を使うと深みがある色調は得られない。

　青磁の色調は釉や素地の不純物そして焼成条件によって微妙に変化するから、それぞれの窯ごとに色の調子が異なる。青磁釉を酸化炎で焼成すると釉が黄変する。初期の青磁にはこのような作品が含まれている。

　鉄を用いる本来の青磁の代わりに、クロムを使うと容易によく似た発色が得られるが、本物の色調には遠く及ばない。

貫　入

　釉に現れた「ひび」を貫入（かんにゅう）といい、細かいひびも大きなひびもある。貫入が著しいと釉が剝離する。製造直後に起こる直接貫入は焼成の冷却時に釉と素地の収縮率の違いによって生じる。後々まで続く経年貫入は素地が水分を吸収して膨張することで起きる。貫入は南宋の青磁に多く見られ、それらの貫入は現在も増え続けている。

　我が国の「ひび釉陶器」としては、萩焼、薩摩焼、粟田焼などが有名である。ひび釉陶器は使い込むほどに風情が増すので、鑑賞上のポイントの一つになっている。

　貫入のパターンを調べて轆轤の回転方向が分かる場合がある。花瓶などを轆轤で成形すると器体に歪みが入る。これにひび釉をかけて焼成すると、この歪みが貫入に影響を与えるからである。

図 1.4.3 貫入がある青磁輪花鉢、南宋時代、郊壇官窯
口径：26.1 cm（重要文化財、東京国立博物館）

下　絵

　「やきもの」の絵付けは、素地に絵を描いてその上に透明釉を施して本焼する下絵と、釉の上に絵を描いて低温で焼付けする上絵とがある。
　CoOは高温でも安定な唯一の顔料である。下絵の代表で藍に似た色調を与える染付（釉裏青、青花、blue and white）である。素焼した素地にCoOを主成分とする呉須（回青）で絵を描いて、透明釉をかけて高温で焼成してつくる（口絵 2.3.4 青花　蓮池魚藻文・壺）。
　「やきもの」の染付は、木綿の「藍染め」と同様に広い範囲で色調が変化する。呉須の色は、不純物の種類や量、粒径やその分布などの影響を受ける。
　鉄絵はCoOの代わりに、酸化鉄や鬼板そして黄土などの含有鉄泥で絵付けするもので、鉄砂ともいう。酸化鉄は高温では分解するから色調は安定しないが味のある作品ができる。下絵のほか上絵にも用いる。
　銅を用いる釉裏紅は桃色から紅色に発色するが使い方が難しい（口絵 3.3.13 釉裏紅　菊唐草文・瓶、口絵 3.3.14 釉裏紅　芭蕉文・水注）。

上絵

上絵（赤絵、色絵）は、施釉して本焼した「やきもの」の上に絵付けをして、800 °C位の温度で焼付ける。上絵具は鮮やかな各色（金彩や銀彩を含む）が揃っている。上絵具の多くは顔料に酸化鉛や鉛ガラスを混合してつくる。

伊万里の赤絵の顔料は非常に細かい三二酸化鉄（弁柄、紅殻、α-Fe_2O_3）である。その色調は顔料の粒度や純度に著しく影響される。

金赤（金のコロイド）は赤系統の上品な発色が得られるので、上絵具にもガラス工芸にも使われている。

1.4.3 「やきもの」の焼成

窯　炉

日本では「やきもの」の本焼には松などの薪を用いる窖窯や登窯が使われたが、明治中期からは石炭窯が採用された。欧州や北方中国では早くから石炭が使われていた。景徳鎮では昔は薪を使っていたが、1957年から石炭に切り替えられた。

我が国では第二次大戦後、天然ガスや重油を燃料とする窯炉や電気窯が普及した。製品を台車に載せて焼成する量産用のトンネル窯は大正9年にはじめて採用された。タイルなどの薄物は回転ロールを並べたローラー・ハース・キルン（roller hearth kiln）で焼成する場合が多い。

大切な製品は匣鉢の中に入れて間接加熱する。棚板や支柱など窯詰道具も重要な脇役で、現在は炭化珪素製品が多い。

上絵の焼成には昔は木炭窯が使われたが、現在はほとんど電気窯である。

温度測定

「やきもの」の焼成（firing）では、炉温は熱電対（thermocouple）や輻射温度計（pyroscope）で測定できる。しかし「やきもの」は、ゆっくり焼成するときと、早く焼成するときとでは収縮率が違うし、製品の色調や透光性も変化する。

1.4 「やきもの」の製造技術

「やきもの」の焼成では温度と時間の総合効果が重要で、昇温・降温など焼成プログラムを管理する必要がある。陶芸の色見では、小さな見本をいくつも炉に入れて時々取り出して焼け具合を調べる。

ゼーゲル錐は軟化温度を調整した原料でつくられた小さな三角錐である。600 °Cに相当するSK 022から2000 °Cに相当するSK 42まで59段階に規格化されている（付表参照）。三角錐を使用する際には錐の底面を図1.4.4のように固定して炉中にセットする。温度が上昇すると錐が軟化して曲がる。錐の頂点が底面と同じ高さに達したときが規定の温度である。

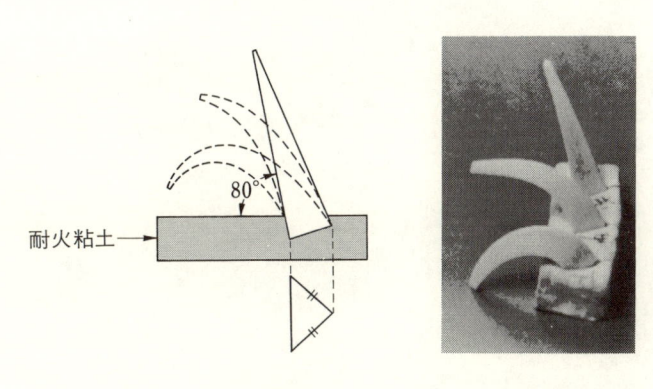

図 1.4.4 ゼーゲル錐

素焼と締焼

伝統セラミックスは、施釉する「やきもの」と、施釉しない「やきもの」とに分類できる。陶器や磁器は施釉することが多く、土器や炻器は施釉しない場合が多い。

施釉する場合、素焼 (biscuit firing) した成形体に下絵付けと施釉をして本焼することが多い。成形体を700-1000 °Cに加熱すると取り扱いが容易な焼結体になるからである。

タイル、衛生陶器、骨灰磁器などは1050-1250 °Cで一次焼成する。これによって気孔がほとんどなくなるので、同じ工程を締焼とか焼締と呼んでいる。

乾燥した成形体に直接下絵付けと施釉をして本焼（釉焼、glost firing）する方法を俗に「生掛け」と呼んでいる。初期伊万里などはこの方法で生産された。景徳鎮は原料がよいので現在でも「生掛け」でつくられる製品が多い（**口絵 1.4.1** 景徳鎮の下絵付け風景）。

図 **1.4.5** 伊万里陶器　素焼窯、過　錆　打圏書画、「山海名産図会」蓬左文庫

磁器の焼成

磁器の焼成は、900℃位での焙焚（煤きれ）、1100℃位で還元炎焼成する攻焚（鉄を還元して素地を白くする）の工程を経て、微還元雰囲気で1300-1500℃に1-2時間保持する仕上焚（練焚）によって素地を磁器化する。

原料が違うと磁器の焼成温度は大きく変化する。焼成温度がSK 8-11（1250-1320℃）の磁器を軟磁器、SK 12-15（1350-1435℃）の磁器を硬磁器、SK 14-16（1410-1460℃）の磁器を真磁器と区分する。

有田や九谷など伝統的な日本磁器、景徳鎮などの中国磁器、欧州のフリット磁

図 1.4.6 登窯図　染付陶板、砥部窯、19 世紀、横：75 cm（国立歴史民族博物館）

器やボーンチャイナなどは軟磁器に分類される。マイセンなど欧州の一般磁器や日本の洋食器は硬磁器である。ローゼンタールや大倉陶園の磁器は真磁器（SK 16）である。

ニューセラミックスはさらに高い温度で焼成する場合が多い。

焼成収縮と変形

普通陶磁器は焼成によって 8 %程度収縮する。収縮の程度は品物の形状によって影響を受ける。たとえば箱型の成形体を加熱すると各辺は同じ割合で収縮しないから、真四角な磁器の重箱をつくるには高度の技術を必要とする。丸いアルミナパイプであれば、横にして焼成すると断面が楕円形に変形してしまうから、一端に孔を開けて吊るして焼成する。

磁器のように半融状態を経過する「やきもの」は変形しやすい。フリット磁器やボーンチャイナは焼成温度域が狭いので焼成が難しい。

釉は表面の形や場所によって均一には付着しない。窪みには釉が溜りやすい。尖った先端の部分には釉が付着しにくいから、磁器製品はエッジを丸くしてあ

る。

カオリンの加熱変化

代表的な粘土鉱物であるカオリナイト（$Al_2O_3 \cdot 2SiO_2 \cdot 2H_2O$）を水で練って成形し、乾燥したものを加熱すると以下の変化が起こる。

1) 400-600 °Cで結合水が分解・蒸発するが、基本構造には変化はない。
2) 910-975 °Cで、スピネル（spinel, $2Al_2O_3 \cdot 3SiO_2$）相が生成する。
3) 975 °Cでムライト（mullite, $3Al_2O_3 \cdot 2SiO_2$）の生成が開始される。ムライト化は1200 °Cで完了する。
4) ムライトの生成によって遊離するシリカは1000 °C以上でクリストバライトになるが、微量の融剤成分が共存するとガラス相中に取り込まれる。クリストバライトは純粋なカオリンを加熱したときだけに観察される。
5) 温度がさらに高くなると焼結体の気孔率が減少して強度が増加する。

純粋なカオリンのゼーゲル温度はSK 35（約1700 °C）であるが、不純物が多いほど粘土のゼーゲル温度は低下する。

伝統セラミックスの焼成過程

純粋な粘土だけを加熱した場合でもこれだけの変化が起きるのである。これに長石やシリカが加わった場合の変化がどれほど複雑か想像できるであろう。伝統セラミックスの焼成過程で生ずる変化は実に複雑である。成形品を加熱すると、粘土と長石そしてシリカの、熱膨張、熱分解、焼結、固相反応、液相生成、緻密化、固溶、熔融などの物理的・化学的変化が絡み合って進行する。それに加えて施釉した品物では素地と釉との反応や熱膨張などが問題になる。

経験を重ねて習得した「やきもの」の技術水準は非常に高いといえる。

1.5 「窯業」の発達

セラミックスの定義（広義）

20世紀に入って伝統的な「やきもの」の枠に入れるのが難しいセラミック製品がつぎつぎに現れた。

アメリカセラミック学会は1920年にこの問題を討議して表1.5.1の定義を採用した。日本セラミックス協会はこれを参考にして、表1.5.1に示した定義を決めた（1948年）。

表 1.5.1 セラミックスに対する各国の定義

日　　本：	主構成物質が無機・非金属である材料あるいは製品の製造および利用に関する技術と科学および芸術
アメリカ：	無機、非金属物質を原料とした製造に関する技術および芸術で、製造あるいは製造中に高温度（540℃以上）を受ける製品と材料
イギリス：	成形品を加熱・硬化して得られる無機材料からなる製品
フランス：	イオンの拡散もしくはガラス相の生成によって結合された粒子群からなる構成物
ド イ ツ：	高温処理の過程を経て加工され、そのためにセラミック製品としての特性を備えた広義の非金属製品をいう

日米両国の定義ではセラミックスを非常に広く解釈する。我が国の定義では、陶磁器、瓦、煉瓦（れんが）、衛生陶器、土管、タイル、耐火物、碍子、点火栓など、狭義のセラミックスに加えて、ガラス、ガラス繊維、無機繊維、琺瑯（ほうろう）、セメント、コンクリート、炭素製品、砥石（といし）、触媒担体（しょくばいたんたい）、宝石、単結晶、人工歯、人工骨などなど非常に広範囲の品物を包括（ほうかつ）している。

これに対して欧州諸国ではセラミックスの範囲が狭い。日本やアメリカではガラスやセメントはセラミックスの一員であるとするが、欧州諸国では現在でもガラスやセメントはセラミックスとは別の品物である。

日米の定義に「芸術」という単語が含まれていることにも注意してほしい。日本セラミックス協会の機関誌「セラミックス」には毎号「工芸」の記事が掲載されている。金属やプラスチックの定義に「芸術」という文字はない。

洋式技術の導入

　明治維新によって西欧の科学・技術が怒涛(どとう)のように押し寄せた。蒸気力や電力を用いる原動機が導入されて、粉砕・成形・加熱など各種作業工程の機械化が開始された。洋式技術の導入と完全消化には、担当技術者の血のにじむような苦心と長い年月が必要であった。

　石炭窯の採用や化学分析法の導入は明治初年からである。石膏型を使う泥漿鋳込み成形技術と水金はウィーン万国博に派遣された技術伝習生が習得して伝えた。洋式絵具やゼーゲル錐(すい)はワグネルが紹介した。

　洋食器の製造は明治30年頃からはじまったが、日本陶器株式会社が八寸皿を完成してディナーセットの製造を開始したのは20年後の大正3年のことである。世界に通用する洋食器を製造できるようになったのは大正後期からである。

　赤煉瓦は明治初年から各地で製造されたが品質やコストの点で問題があった。

図 **1.5.1**　ホフマン式煉瓦製造窯（重要文化財、栃木県野木町）

明治23年、栃木県野木町の下野煉瓦製造会社がホフマン式煉瓦焼成窯を導入して量産を開始した。この窯は12の炉室をリング状に配置していて順に焼成を繰り返す。この窯は昭和46年まで使われた。

乾式成形法でつくる硬質陶器のタイルは明治40年代から生産がはじまり、伊奈製陶株式会社が大正13年に設立されて量産が開始された。同社のタイル事業が軌道に乗ったのは昭和4年のことである。

衛生陶器は明治24年頃から瀬戸焼の便器が普及しはじめた。大正6年に設立された東洋陶器株式会社は、大正9年にトンネル窯を導入して衛生陶器の量産が可能となった。同社の衛生陶器事業が軌道に乗ったのは大正12年の関東大震災後のことである。

電信用の低圧碍子は明治初年から各地で製作されていたが、高圧送電用の懸垂碍子は大正8年に日本碍子(株)が設立されて生産を開始した。同社の碍子事業が採算ベースに乗ったのは昭和に入ってからである。

点火栓は昭和10年に日本特殊陶業(株)が設立されて生産を開始した。同社の事業が軌道に乗ったのは第二次大戦後のことである。

化学磁器はドイツから輸入していたが、明治40年から試作が開始され、大正年代に実用化された。

窯業における先覚企業家

窯業における先覚企業家としては、大倉孫兵衛(1843-1921年)・大倉和親(1875-1955年)父子[*4]と森村市左衛門[*5](1839-1917年)の功績は特に大きい。彼らは窯業の分野で現在の日本を代表する企業群を創設して採算ベースに乗せたのである。すなわち、日本陶器株式会社(ノリタケカンパニーリミテッド)、東洋陶器株式会社(東陶機器株式会社、TOTO)、伊奈製陶株式会社(INAX)、日本碍子株式会社(日本ガイシ株式会社)、日本特殊陶業株式会社(NGKプラグ)、大倉陶園株式会社、各務クリスタル株式会社などである。なお、輸出を担

[*4] 「製陶王国をきずいた父と子」砂川幸雄、晶文社(2000年)
[*5] 「森村市左衛門の無欲の生涯」砂川幸雄、草思社(1998年)

当した森村組(森村商事株式会社)は、福沢諭吉の勧めで明治9年に設立された日本最初の輸出商社である。

ワグネル

　明治の文明開化期に窯業の近代化にもっとも貢献した外国人はワグネル(ワゲネル、G. Wagener, 1830-92年)である。彼はゲッチンゲン大学に数学の論文を提出して学位をとり、明治元年31歳のときに長崎の土を踏んだ。明治3年、鍋島藩に招かれたワグネルは、呉須の代わりにCoOを、松薪の代わりに石炭を使うことを提案した。翌年大学南校の教師を拝命し、明治5-6年のウィーン万国博覧会では御用掛として日本の工芸品を紹介した。帰国後は東京開成学校と博物館の教師を兼務した。その間、石膏の使用法、鋳込み成形法、陶磁器用絵具などについて指導した。フィラデルフィア万国博でも委員を務め、明治11年には京都府に招かれて医学校で教育し、舎密局で七宝を研究して透明釉薬を開発した。明治14年からは東京大学で製造化学を担当し、明治19年には東京職工学校に新設された陶器玻璃工科の主任に就任した。

　明治25年に永眠した彼の墓は青山の外人墓地にある。東京工業大学と京都の岡崎公園には彼の記念碑がある(口絵1.5.1 ワグネル先生記念碑)。

窯業の技術水準

　窯業各分野における現在の日本企業の技術力は世界の超一流である。日本ガイシ株式会社の例を挙げる。

　同社は世界最大の碍子製造メーカーであるが、世界最大の磁器製品は100万volt送電網用に開発された同社製の碍管である。この碍管は、数個に分割して成形・焼成した部品の上下の端面を研磨し、接合用の泥漿を薄く塗布して組み立て、分割した炉体を左右から近接させて本焼成よりもやや低い温度に加熱してつくられた。値段は1億円以上もする。

　同社は自動車用排ガス浄化装置の触媒担体として用いるハニカム・セラミックスも開発した。多孔質の薄い壁で囲まれた無数の貫通孔を有する蜂の巣状セラミックスで、肉厚わずか0.5 mmの壁の微細な孔に触媒物質を担持させて使用す

1.5 「窯業」の発達　37

る。ハニカムの材質はコーディエライト（$Mg_2Al_4Si_5O_{18}$）と呼ばれる低熱膨張セラミックスである。ハニカムの形状は、原料混合物の練土の押出し成形でつく

図 1.5.2　組立中の世界最大 100 万 volt 一体碍管
　　　　　高さ：11.5 m、最大径：1.6 m、金具を含む重量：10 ton

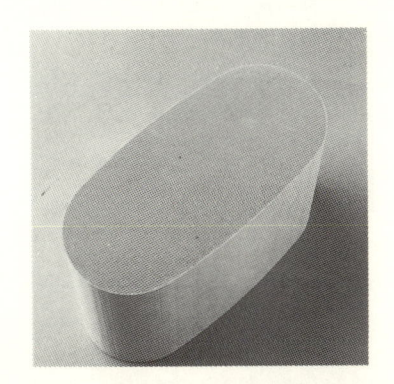

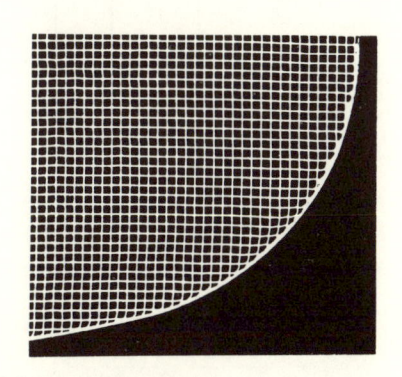

図 1.5.3　左）自動車排ガス浄化用ハニカム・セラミックス
　　　　　右）ハニカム・セラミックスの断面（原寸）

る。それを乾燥・焼成したハニカム・セラミックスは毎年世界中で生産される自動車の半数に採用されている。

窯業の生産統計

近年における伝統セラミックス産業の生産統計を図1.5.4に示した[*6]。これによると、1988年の生産額はおよそ8.6兆円、1998年のそれはおよそ8.4兆円で、ほとんど変化がない成熟産業である。その中で、セメントとコンクリートがおよそ1/2、ガラスが1/4を占めている。

食卓用陶磁器などいわゆる「やきもの産業」は多くの人手を必要とすることから、発展途上国の追い上げに苦しんでいる斜陽産業の一つである。「やきもの産業」が窯業の中で占めている割合はごく僅かである。

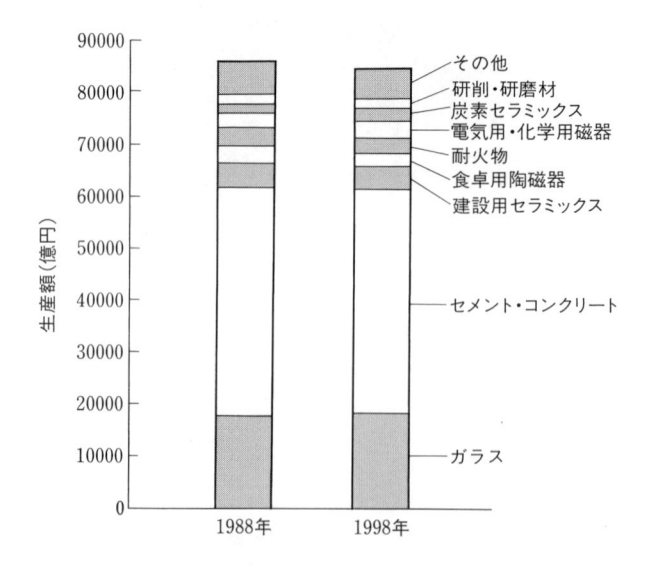

図 **1.5.4** 窯業の生産統計[*6]

[*6] 以下の統計から作成した。
「工業統計表　品目編」通商産業大臣官房調査統計部編（1990年、2000年）

セメント

　石材や煉瓦の接合に用いる無機質の接着剤をセメント（cement）という。この目的に昔から広く使われてきたのが、石膏と石灰である。現代中国語ではセメントを水泥と書く。

　現在大量生産されているセメントは1824年頃英国で発明されたポルトランドセメント（portland cement）である。ポルトランドセメントは珪酸カルシウムなど数種類の複雑な化合物の混合物である。

　日本で最初のセメント工場は、明治5年、大蔵省土木寮摂綿篤製造所が東京深川清澄町に建設されて、同8年に最初の製品が出荷された。当時の焼成窯は外形が徳利に似たボトルキルンであった。明治25年に開通した琵琶湖疎水の工事では、煉瓦は国産品を使ったが、セメントは英国から輸入した。明治時代はセメントは高価な商品であった。図1.5.5は現存する唯一のセメント徳利窯で、明治16年に建造された。

　現在ではセメントは熱効率の高い回転式連続加熱炉（rotary kiln）で製造している。ポルトランドセメントを1 ton製造するには、石灰石が1.15 ton、粘土そ

図 **1.5.5**　セメント製造用徳利窯（山口県小野田市）

の他の原料が 0.35 ton、合計 1.5 ton の原料と、大量の燃料が必要である。ポルトランドセメントは世界中で年間約 13 億 ton、我が国では年間約 8000 万 ton を生産している。セメントの価格は驚くほど安く、工場出し値は 1 万円/ton 以下である。

コンクリート

セメントは水を加えると水和して固まる性質がある。これを水硬性という。コンクリート (concrete) は大型構造物を構築できる唯一の無機材料で、土木建築に不可欠な材料である。コンクリートの語源は「だんだん固くなる」を意味するラテン語の concrētus であるという。

コンクリートはセメントと水に粗骨材（砂利）と細骨材（砂）を混練してつくる。コンクリートは骨材が密に充填している隙間をセメントペーストが埋めている。骨材はコンクリートの 70–75％を占める（図 4.3.1）。コンクリートの強度は、セメントと水と骨材の比率、そして混練の程度によって大きく影響を受ける。壁塗りなどに用いるモルタル (mortar) はセメントと水と砂を混ぜてつくる。

コンクリートは圧縮には強いが引っ張りには弱い。これを補強する複合材料が鉄筋コンクリートで、土木建設に広く使われている。

ガラス

窓ガラスや瓶ガラスとして広く使われているソーダ石灰ガラスは、珪砂と炭酸ナトリウムと石灰石の混合物を加熱・熔融してつくる。

ガラスは物質の状態を表す術語で、物質の名前ではない。「やきもの」は珪酸塩原料を焼結してつくるが、ガラスは珪酸塩原料を完全に均一に熔融したものを冷却してつくる。ガラスは「高温で熔融した状態をそのまま凍結した材料」である。ガラスは常温で著しく高い粘性をもつ液体であると考えてよい。ガラスは非化学量論組成の物質で、元素の種類やそれらの比率をかなり自由に選んで均一なガラスをつくることができる。

ガラスと水晶は外観は同じであるが、水晶は結晶でガラスは非晶質である。ガ

ラスの原子配列に規則性がないことは、ガラスを破壊したときの破面の形状が不定形で、亀裂が出鱈目に進展することから理解できる。これに対して結晶を破砕すると、破面の角度が常に一定している。

ガラスは等方的で透明性が高い。ガラスが透明であるのは、光を乱反射する界面が水晶のような単結晶と同じ程度に少ないからでる。

ガラスは化学的に安定で、相当高温でも使用できる。金属のように錆びることもないし、プラスチックのように簡単に変質することもない。しかし、ガラスは熱力学的には準安定な状態にある。これは日常生活では何の問題もないが、数百年という時間単位では影響が現れる。たとえば古墳などから出土したガラス器の多くは結晶が析出していて不透明である。この現象を失透（devitrification, opacity）という。

ガラスは加熱して軟化した状態で、種々の形状（板状、管状、棒状、繊維状など）に容易に加工できる。明治5年に岩倉使節団が視察したベルギーの吹きガラス工場の様子は現在のガラス工房と変わりがない。

加工後は「なまし」を行う徐冷（annealing）の工程が重要である。

図 1.5.6 米欧回覧使節団が視察したベルギーのガラス工場（1872年）

ガラスの用語

　ガラス（glass）という言葉のルーツはローマ・ゲルマン語で「キラキラしているもの」を意味している。ビトリアス（vitreous）という言葉は同じ意味のラテン語で、熔化（vitrification）はガラス化することを意味している。びいどろはポルトガル語で、ビトリアスに由来している。洋式の吹きガラス技法は室町末期にオランダ人が伝えた。ぎやまんはオランダ語でダイヤモンドのことで、ガラス細工でダイヤのガラス切りを使ったことに由来している。中国語ではガラスは玻璃である。

　アモルファス（amorphous）という言葉は、形がないもの、つまり無定形を意味している。morph はギリシア語で「形」を意味している。非晶質固体とか非晶体（non-crystalline solid）という言葉も同じ意味で使われる。なお、結晶（crystal）という言葉はラテン語に由来している。

図 1.5.7　びいどろ細工　川原慶賀画、フォン・シーボルト・コレクション（オランダ・ライデン国立民族学博物館）

江戸時代にはガラス器は、玻璃、瑠璃、ぎやまん、硝子などと呼ばれて、長崎や江戸でつくられていた。製品としては、風鈴、ポッペン（びいどろ）、ランプの火屋、チロリ、食器、薬品瓶などがあった。

鉛ガラスの粉末を使って破損した陶磁器を「焼接」修理する商売もあった。

ガラス産業

建造物に板ガラスが大規模に採用されたのは、ロンドンで開かれた第一回万国博覧会（1850年）の水晶宮（crystal palace）からである。この建物には30万枚の板ガラスが使われた。

図 1.5.8　第一回万国博覧会の水晶宮（1850年）

我が国では明治9年に工部省が民営工場を買収して品川硝子製造所が設立されたが、板ガラスの製造は軌道にのらなかった。品川硝子製造所の遺構は現在は明治村に移設されている。圧延ロールを使用する連続式板ガラス製造設備は1900年頃から研究がはじまった。連続式の板ガラス製造設備が日本で稼働したのは大正10年のことで、窓ガラスが普及したのはそれ以後である。板ガラス産業は非

常に大きな資本を必要とする。

英国のピルキントン社は、フロート式と呼ばれる画期的な板ガラス（float glass）製造法を開発した（1950年）。この方法では熔融した金属錫の上を軟化したガラスが移動して両面が完全に平面の板ガラスが得られる。フロート式ガラスは研磨することなく、人物用の鏡はもちろんレーザー用の反射鏡にも使うことができる。現在ではフロート式ガラスが板ガラスの大部分を占めている。

瓶ガラス製造業、ブラウン管・電球製造業、ガラス繊維製造業もガラス産業の大きな分野を占めている。高級カメラなどに不可欠な光学ガラス製造業も重要な素材産業の一つである。

材　料

あらゆる道具や機械をつくるには材料が必要である。人間の役に立つ物質を「材料」すなわち「マテリアル、material」と呼ぶ。物質は人間に関係なく存在するが、材料は人間に関係がある物だけが対象になる。材料に近い言葉に、素材、原料、資源などがある。

すべての材料は、金属材料、有機高分子材料、無機材料に大別される。天然材料と合成材料、単一材料と複合材料などに区分する場合もある。高温材料、導電材料、圧電材料、機能性材料、構造用材料、薄膜材料、超電導材料など、用途で呼ぶこともある。鉄鋼材料、セラミック材料、高分子材料、生体材料、多孔質材料、アルミナ材料、ジルコニア材料など、材質で呼ぶこともある。

セラミック材料の専門教育

旧制大学の工学部応用化学系学科には一講座程度のセラミックス関係の講座が置かれていた。窯業学科は旧制東京工業大学にだけ設置されていた。第二次大戦後昇格した新制大学では、名古屋工業大学と京都工芸繊維大学に無機材料工学科が設置されたが、組織改革で消滅した。伝統的な珪酸塩工業すなわち窯業はそれらを卒業した少数の技術者の努力によって発展したのである。

現在セラミック材料を専攻している学生数は金属材料や高分子材料に比べて段違いに少ない。大学におけるセラミック研究室の数が少ないからである。これは

第二次大戦後の大学増設の波に乗り遅れたことが主な原因である。しかもそれらの研究室と卒業生のすべては先進セラミックスへ転身した。参考までに、中国ではセラミックス工学科がある大学が55校あって、毎年の卒業生が2200名いる。韓国では14校にセラミックス工学科がある。これらについては前著で解説したから興味のある方は参照されたい。

　現在では全国各大学の各学科に先進セラミックスを専門とする研究室が300程度はあるという。それら研究室の先生方の出身学科はさまざまである。

伝統セラミックスの参考書

　ガラス、セメント・コンクリート、陶磁器、瓦、煉瓦、タイル、衛生陶器、耐火物、炭素材料、碍子、砥石、琺瑯、石膏・石灰など窯業全般について工学の立場から解説した単行本はほとんどない[7]。窯業全般に関する便覧としては「セラミックス辞典」[8,9]がある。

　酸・アルカリ、肥料、電気化学、窯業など、無機工業化学全般についての解説書はいくつか刊行されている[10-14]。

---

[7]「珪酸塩工業」永井彰一郎、共立社（1931年）
[8]「セラミックス辞典」窯業協会、丸善（1986年）
[9]「セラミックス辞典」セラミックス協会、丸善（1997年）
[10]「無機工業化学　新版」久保輝一郎、朝倉書店（1976年）
[11]「無機工業化学」安藤淳平・佐治孝、東京化学同人（1986年）
[12]「無機工業化学　増補版」塩川二朗、化学同人（1986年）
[13]「工業無機化学」佐々木行美・森山広思訳、東京化学同人（1989年）
[14]「工業無機化学―現状と展望―」金沢孝文・谷口雅男・鈴木喬・脇原将孝　講談社サイエンティフィク（1984年）

2 「やきもの」の美

2.1 日本人の美意識
2.2 国宝と美
2.3 喫茶と茶陶
2.4 陶芸天国
2.5 「やきもの」の真贋

2.1 日本人の美意識

ここでは、日本人の美の基準は何か？　何を美しいと感じるのか？
他国の人々の考え方とどう違うのか？　等々について考えてみよう。

美術と工芸

　セラミックスの定義（広義）に芸術（藝術、art）という言葉がある（表1.5.1参照）以上、芸術論に触れないわけにはいかない。美術と工芸（arts and crafts）は芸術の一部である。美術という言葉はartの訳語で明治4年に初めて登場した。工芸という言葉は9世紀から知られていたが、現在よりかなり広い意味で使われていた。明治5年に東京開成学校に工芸学科が、明治14年には東京職工学校に化学工芸科と機械工芸科が置かれたが、工芸は現在の工学を意味していた。明治13年には京都に美術工芸学校ができ、明治22年には東京美術学校が設立されてその中に工芸科が置かれた。

　芸術は、時間の芸術（文学、音楽）、時空間の芸術（舞踊、演劇）、そして空間の芸術（絵画、彫刻、建築、工芸）に分類される。空間の芸術は造形芸術ともいう。絵画は二次元空間の芸術で、彫刻と工芸は三次元空間の芸術である。建築は空間の綜合芸術である。現在では、絵画と彫刻と建築をまとめて美術と呼んで工芸と区別することが多いが、これは昔からのことではない。

　英語のartはarmと同じ語源で「腕」とか「腕前」のことで、skillすなわち「技」とか「巧」を意味している。昔は信仰の対象となる芸術作品をつくる工人をすべてcraftsmanと呼んだ。彼らの作品には個人のサインはない。それが近世になると自我が芽生えて個人を主張することによって美術が生まれた。在銘の作品は近代美術の特色である。ということで美術は工芸から分化したのである。

　現在の美術（fine arts, pure arts）は我々の美的感性に訴えるだけで、特別の目的をもっているわけではない。これに対して工芸（industrial arts, useful crafts）は実際の生活に用いる役に立つ道具で、芸術的要素を含むものを指している。し

たがって、工芸品は表現や用途に制限があって、経済的にも使用上も制約を受ける。

中国瓷器

中国瓷器は美しくて高い対称性をもつ完璧な作品が評価される。傷物は一顧もされない。磁器以外の「やきもの」は雑器扱いである。

台北の国立故宮博物院に足を運んでみよう。歴代の皇帝が収集した技巧の限りを尽くした美術工芸品がこれでもかというくらい並んでいる。これには、二万三千八百七十余点の瓷器、四千六百三十余点の玉器、千八百七十余点の琺瑯器が含まれている。瓷器の内訳は、古代陶磁が数千点、宋・元の瓷器が約一万点、明代の瓷器が数千点、清代の瓷器が約八千点の一大コレクションである。瓷器の大多数は入念に制作された官窯の製品である。陶器は歴代の王朝が粗俗なものとして遠ざけたため、ほとんど含まれていない（口絵 2.1.1 粉彩 龍透彫文・壺）。

図 2.1.1 霽青描金粉彩遊魚転心瓶
清・乾隆時代
高さ：23.5 cm（台北国立故宮博物院）
首を回すと中の瓶が回転する

図 2.1.2 霽青描金寿字・瓶
清・光緒時代
高さ：38.3 cm（台北国立故宮博物院）

朝鮮磁器

　朝鮮半島には良質の陶土が産出し、中国と地続きであることから「やきもの」の技術も早くから進んでいた。この国が誇る磁器に高麗青磁と李朝白磁があって、中国磁器とは一味違う磁器がつくられていた。王宮では官窯でつくられた品質の高い磁器が使われていた。赤絵はこの国には縁がなかった。

　現在の韓国では「やきもの」の食器をあまり使わないのが日本と違っている。これは、韓国料理では匙が主で箸が従であることや、茶碗を手にもって食べないことなどに関係があるのかもしれない。

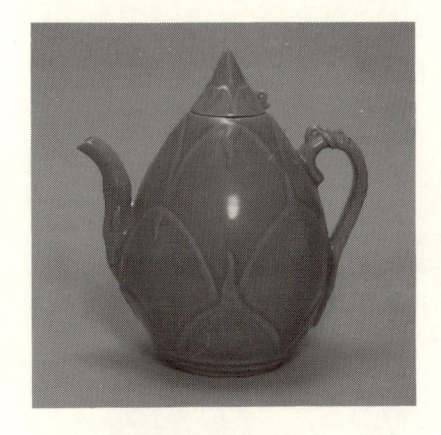

図 2.1.3　高麗青磁
陽刻筍形・水注、高麗時代、12世紀
高さ：22.5 cm（大阪市立東洋陶磁美術館）

図 2.1.4　李朝白磁
堆線文・壺、李朝時代
高さ：19.5 cm（出光美術館）

西洋磁器

　西欧の食器や工芸品は、精巧で美麗、対称性が高くて、傷や歪みが全くない完璧な磁器製品が評価される。

　プラスティックや紙の食器はファーストフード店や野外のバーベキューに適し

ているが、高級レストランにはふさわしくない。ステンレスや真鍮(しんちゅう)の食器は韓国料理で使われるが、日本料理や西洋料理では使わない。銀の食器は傷がつきやすい。

　一流ホテルの洋食器やコーヒーセットは精巧な磁器製品で非常に高価である。西欧諸国で首脳の公式接待で使われる洋食器は素晴らしい。我が国でも迎賓館の晩餐(ばんさん)会で使われる大倉陶園製のディナーセットの評判は高い（**口絵2.1.3** 赤坂迎賓館　正餐(せいさん)用洋食器）。

　磁器の洋食器は工芸品である前に工業製品（industrial products）であって、規格通りの器がセットで揃っている必要がある。洋皿は数十枚も重ねて横から見て寸部の違いがあっても、白い素地や絵柄に僅かな傷があっても一流品とはいえない。それに加えて、目の青い人は白色に敏感で微妙に識別できるので注文がうるさい。そして器が破損した場合には何十年後であっても全く同じ品物が補給できなければいけない。欧米に輸出された日本製洋食器の評判は準一流というところである。

図 **2.1.5**　朝食用食器　色絵・パルメット文・磁器、1890年頃（マイセン陶磁美術館）

日本磁器

　磁器製品については、我が国でも原則として完成度の高い品質が要求される。薄手の磁器の製作には高度の職人技が必要で、初心者が偶然を頼って優品を製作するのは無理である。板谷波山でも轆轤は専門の職人にゆだねていた。

　柿右衛門手や金襴手伊万里は1660年頃からの数十年間オランダ東インド会社によって輸出されてヨーロッパ大陸の王侯貴族の絶賛を博した（**口絵 2.1.4** 金襴手伊万里　五艘船図・鉢）。

図 2.1.6　鍋島　色絵・桃花文・皿、江戸時代、17世紀
口径：31.5 cm（重要文化財、MOA 美術館）

　鍋島藩は御用窯に最高の技術者を集めて「鍋島」を制作した。鍋島は幕府・朝廷その他への贈答品としてつくられた磁器である。高貴で典雅な意匠を備えた鍋島の技術は元禄年間に頂点に達した。技能の粋を競った精巧な「鍋島」が現在でも高く評価されている所以である（**口絵 2.1.2** 鍋島　色絵・岩牡丹植木鉢文・大皿）。

日本美の特徴

　絶滅戦争（genocide）の経験や都市に城壁がない平和なこの国では、昔から人達はひたすらに美を追及した。しかもこの国の人は昔から変革を恐れなかった。文字と仏教の伝来、南蛮文化の流入、そして明治維新と文明開花、その度に外来の文化と概念を消化・融合して自己のものとした。そして、正倉院御物で代表される奈良時代の美、平等院で代表される平安の美、運慶の仏像で代表される鎌倉時代の美、金閣・銀閣で代表される室町時代の美、城郭建築や障壁画で代表される安土・桃山時代の美、東照宮や浮世絵で代表される江戸時代の美など、それぞれの時代ごとに異なる様式の美を確立した。これらの日本の美は、最も大きな影響を受けた中国の美とも明確に違っている。

　日本の美の特徴を一言で表現することは難しいが、非対称と不均衡という要素はかなり共通している。17世紀の欧州で絶賛を博した柿右衛門様式の美の特徴は、1）構成と対比の統一美、2）空間を巧みに生かした美、3）不均衡と非対称の美、の三つに要約されるという。

不斉の美

　和食器や花器は、歪んでいても欠けていても、「風情や景色」があればそれでよいとする。茶器ではそれが特に顕著である。日本の「やきもの」には最高の技能を傾けてつくられた繊細で美麗な作品が数多くある。しかしその一方では窯変で偶然生まれた作品も多い。全国の美術館にはこの種の「やきもの」が溢れている。茶道具の名品には歪んでいたり傷がある品物がかなり含まれている（口絵 2.1.5 備前 矢筈口水指）。茶の湯の「侘数寄」を演出する雰囲気には、完全無欠な品物よりも不完全な道具の方が美を感じさせるのであろうか？

　侘と数寄は元来は相反する概念である。侘は簡素で禁欲主義である。数寄はさまざまな工夫によって、人を驚かせ自分も楽しむという享楽の気持ちがある。この矛盾する概念を統一するため、名も知れぬ雑器に特殊な美を見出してそれを強調する必要があったのかもしれない。

図 2.1.7 古伊賀 水指 銘破袋、桃山時代
高さ：21.4 cm（重要文化財、五島美術館）

不足の美

　中世の日本人の考え方を代表する平家物語は「祇園精舎の鐘の声、諸行無情の響きあり。沙羅双樹の花の色、盛者必衰の理をあらわす」にはじまる。「色は匂へと散りぬるを」ではじまる「いろは歌」は、中世に生きた人達の無常感についての優れた表現である。

　吉田兼好は徒然草の中で「世のはかなさとものの哀れ」が人間の宿命であると説いた。彼は無常観を背景としながら、無常だからこそ人生はすばらしい。完璧なものは面白くない、出来損ないや不揃いなものにも「不足の美」があると説いた。雲間の月や欠けた月が美しいと感じる意識や、満月よりも十三夜の月が最も美しいとする感性も生まれた。これらの考え方からやがて「能」が生まれて「侘と寂」という美意識に発展した。

　ミロのヴィーナスに両手が遺っていたら、はたして現在ほど評価されたであろうか？

　茶の湯によって「やきもの」の評価基準は大きく変化した。茶碗には「六相」

があるという。侘、寂、品、量、力、浄、がそれで、三趣三感ともいう。それぞれの解釈は人によってかなり異なる。

日常的な美

日本には日常的な美の基準として、地味、渋い、粋、派手、があるという。和食器は工業製品である必要はない。「不斉の美」はこの国独特の美意識である。和風陶器は多種多様である。和風陶器には磁器にはない「温もり」がある。茶碗では、肌触りすなわち「触致の美」が大事である。

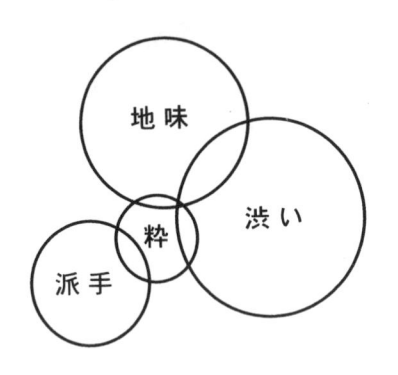

図 **2.1.8** 日常的な美の基準

南蛮人の価値観

大航海時代に渡来した南蛮宣教師にとって日本人の美意識は理解に苦しむ価値観であった。信長の寵を得たイエズス会司祭のフロイス（1563年来日）は、報告書の中で「我らは、宝石や、金片、銀片を宝とする。日本人は、古い釜や、ひびが入った古い陶器や土器などを宝物とする」と書いている[*1]。戦国大名に知己を得たイエズス会巡察師ヴァリニヤーノ（1579年来日）は、大友宗麟（1530-87年）が銀9000両で手に入れた陶土の茶入れ「似たり茄子」を、「我らから見れば

[*1] 「フロイスの日本覚書」松田毅一、E. ヨリッセン、中公新書707、121頁（1983年）

鳥籠(かご)に入れて小鳥に水を与える以外に何の役にも立たぬ」と評した[*2]。

　大航海時代のスペイン人やポルトガル人は南米の植民地で収奪した金銀財宝をすべて鋳潰(いつぶ)して持ち帰った。これに対して正倉院宝物はどれもこれも材料そのものは二束三文であるが、当時の加工技術の高さで評価されている。

　それから四百数十年が経過した。現代の日本人にも通じる美意識「不斉の美」を評価する外国人は少ない。日本国内での茶道具の値段は海外では全く通用しない。現代の日本人の美的価値観は世界各国の常識からするとかなり異質であることは確かである。

　美術評論家はこれについて何も説明しない。中には日本人の審美眼が優れているからだという人までいるが、私にはとても納得ができない。世の中の凡人は優れた眼力を備えた先達(せんだつ)（彼らを「目明き」という）が「目利き」したということでこれらの道具を大事に伝世してきたものであろう。それでは、珠光、紹鷗、利久、織部、遠州、不昧など偉大な先達は共通の物差しをもっていたのであろうか。日本人はなぜ、歪んだり欠けたりしている「やきもの」を高く評価するのであろうか。

骨　董

　骨董(こっとう)（curio）は美術品として特異な地位を占めている。幸田露伴によれば骨董は元来は中国の田舎言葉の発音を写した言葉であるが、現在では希少価値や美術的価値がある古道具を指している。実行関税率表によると「骨董は製作後百年を超える古物に限る」とある。

　アンチーク（antique）の語源は、早期の、以前の、古代の、古いという意味のラテン語で、古物、古器、骨董品と訳している。ちなみに古伊万里は Old Imari、現代伊万里は New Imari である。

[*2]「天正遣欧使節」松田毅一、講談社学術文庫1362、179頁（1999年）

2.2 国宝と美

文化財保護法

　国宝や重要文化財のすべてが美術品であるとは限らないが、密接な関係があることは確かである。

　現在の文化財保護法は昭和25年に公布された。平成12年の段階で「重要文化財」の指定を受けている美術工芸品は9956件、建造物は2184件で、合計は12140件である。重要文化財の美術工芸品の内訳は、絵画1903件、彫刻2564件、工芸2361件、書籍・典籍2511件、考古資料511件、歴史資料102件である。

　重要文化財の中で「国宝」に指定されている物件は美術工芸品845件と建造物209件で、合計は1054件である。国宝の美術工芸品の内訳は、絵画54件、彫刻122件、工芸252件、書籍・典籍278件、考古資料39件である。

　この他に「重要美術品」というのがある。これは昭和8年に制定された重要美術品等の保存に関する法律によって指定された物件である。同法は昭和25年に廃止されたが、重要美術品については当分の間効力があるとされた。旧法で国宝に指定されていた物件はすべて重要文化財とされ、その中から新たに国宝が選定された。

重要文化財に指定されている「やきもの」

　重要文化財の指定を受けている工芸品2361件のうち、国産の「やきもの」は111件である。内訳は、古陶磁32件、志野6件、織部4件、伊賀6件、長次郎5件、本阿弥光悦4件、野々村仁清21件、尾形乾山7、その他7件などである。磁器は、古伊万里6件、柿右衛門3件、鍋島5件、古九谷5件などである。

　重要文化財の指定を受けている輸入品の「やきもの」は97件である。内訳は、中国陶磁が82件で、唐三彩4件、青磁24件、白磁と染付20件、赤絵磁器など

12件、天目14件、その他8件などである。朝鮮陶磁は15件で、高麗青磁3件、井戸茶碗など12件がある。

国宝に指定されている「やきもの」

　国宝の指定を受けている工芸品252件のうち、セラミックスは非常に少なく、

表 2.2.1　国宝に指定されているセラミックス

名　　称	時　代	作者	所　有　者
縄文土器　深鉢形土器5個	縄文時代		新潟県十日町市
土偶　縄文のヴィーナス	縄文時代		長野県茅野市
埴輪　挂甲の武人	古墳時代		東京国立博物館
壁画　高松塚古墳	飛鳥・白鳳時代		奈良県明日香村
塑像　弥勒菩薩座像	白鳳時代		当麻寺金堂
塑像　堂本四面像	奈良時代		法隆寺五重塔
塑像　日光菩薩、月光菩薩	奈良時代		東大寺法華堂
塑像　執金剛神立像	奈良時代		東大寺法華堂
塑像　十二神将像	奈良時代		新薬師寺本堂
塑像　四天王像	奈良時代		東大寺戒壇堂
塑像　道詮律師座像	平安時代		法隆寺夢殿
飛青磁　花生	元時代		大阪市立東洋陶磁美術館
青磁　下蕪花生	南宋時代		アルカンシェール美術財団
青磁　鳳凰耳花生　銘萬声	南宋時代		久保惣記念美術館
曜変天目　茶碗	南宋時代		静嘉堂文庫
曜変天目　茶碗	南宋時代		大徳寺龍光院
曜変天目　茶碗	南宋時代		藤田美術館
油滴天目　茶碗	南宋時代		大阪市立東洋陶磁美術館
玳玻天目　茶碗	南宋時代		萬野美術館
井戸茶碗　銘喜左衛門	李朝時代		大徳寺孤篷庵
秋草文壺　渥美窯	平安時代		慶応義塾大学
志野　茶碗　銘卯花墻	桃山時代		三井文庫別館
楽焼　白片身変茶碗　銘不二山	江戸時代	光悦	個人蔵
色絵　雉香炉	江戸時代	仁清	石川県立美術館
色絵　藤花文茶壺	江戸時代	仁清	MOA美術館

僅かに25件である。その内訳は、縄文土器2件、埴輪1件、壁画1件、塑像7件、中国青磁3件、天目茶碗5件、李朝の井戸茶碗1件で、国産の「やきもの」は僅か5件である。

中近世の日本人にとって南宋の青磁や天目茶碗は特別の宝物であった。青磁3件と天目茶碗5件が国宝に指定されている（口絵2.2.1 飛青磁 花生、口絵2.2.2 青磁 鳳凰耳・花生、口絵2.2.3 曜変天目茶碗、口絵2.2.4 油滴天目茶碗、口絵2.2.5 玳玻天目茶碗）。妖しい輝きを秘めた曜変天目はこの3件以外には世界中に一つも残っていない。

別に、朝鮮の生活雑器から日本の国宝に出世した井戸茶碗1件がある（口絵2.2.6 井戸茶碗 銘喜左衛門）。

国産の「やきもの」としては、出土品である平安時代の秋草文壺と、桃山時代の志野茶碗、本阿弥光悦の楽茶碗、野々村仁清の色絵茶壺と色絵香炉2件が指定されているに過ぎない（口絵2.2.7 秋草文・壺、口絵2.2.8 志野 茶碗、口絵2.2.9 本阿弥光悦 白楽・茶碗、口絵2.2.10 野々村仁清 色絵・藤花文・茶壺、扉絵 野々村仁清 色絵・雉・香炉）。

重要文化財や国宝に指定されている考古資料

考古資料で重要文化財の指定を受けている物件は515件ある。その中で「やきもの」は187件（土器84件、埴輪38件、陶磁65件）ある。考古資料が美術品であるとは限らないが、土器の造形にも素晴らしいものがある。縄文土器の動的で大胆な造形感覚と独創的な紋様は、日本列島に住んでいた古代人にふさわしい。縄文土器2件が数年前に国宝に指定された（口絵2.2.11 火炎形縄文土器、口絵2.2.12 土偶 通称：縄文のヴィーナス）。

静的な美を備えた弥生土器の流れをくむ埴輪にもおおらかな造形美の作品がたくさん遺されている。その中の1件が国宝に指定されている（口絵2.2.13 埴輪 挂甲の武人）。

奈良の寺院には奈良時代につくられた数十体の塑像が遺っている。そのうち、東大寺法華堂の日光菩薩や月光菩薩をはじめとする7件が国宝に指定されている（口絵2.2.14 塑像 月光菩薩像、口絵2.2.15 塑像 伐折羅大将像）。法隆寺五重

図 2.2.1　塑像　堂本四面像、奈良時代（国宝、法隆寺五重塔）

塔には釈迦入滅を嘆く小さな塑像群からなる堂本四面像が祀られている。高松塚古墳の壁画も国宝に指定されている（**口絵 2.2.16**　高松塚古墳の壁画）。

国宝の「やきもの」がなぜ少ないか？

昭和 34 年以降、国宝や重要文化財に追加指定された「やきもの」は上記の縄文土器以外には全くない。これは陶磁研究の重鎮で文化財保護委員会技官の小山冨士夫が「永仁の壺」事件で失脚して（2.5 参照）以来、権威のある目利きがいなくなったことが主な原因である。

国宝選定の原案を作成する文化庁の文化財保護部美術工芸課に陶磁専門の調査官が少ないことも大いに関係がある。それに加えて、美術品の所有者がさまざまな干渉を嫌って指定を辞退することもあるらしい。現在の派手な陶芸ブームと対比して皮肉なことといわざるを得ない。

2.3 喫茶と茶陶

茶樹の適地

　茶樹は椿(つばき)科椿属の常緑樹で、原産地はミャンマーに近い雲南省の僻地(へきち)・西双版納(シーサンパンナ)付近であるとされている。現地は海抜1000メートル以上の山間地で、年平均気温は15-20℃で湿度が高く、朝晩は低温で霧が発生しやすく、霜は降りない地域である。そこには樹齢1000年を超える古木が生きている。

　現在の中国や日本そしてインドやセイロンでは寒冷地を除く各地で茶樹が栽培されている。しかし銘茶の産地としては、原産地に似た厳しい気候が適していて、茶葉に香味を与えるらしい。浙江省・杭州の龍井(ろんちん)茶も、安徽省・黄山の毛峰茶も、台湾・中部山岳の凍頂烏龍茶(とうちょううーろんちゃ)も、インド・ダージリンの紅茶も、山間の僻地で肥料なしで採れる茶葉が最高とされている。日本でも大井川鉄道の終点・井川の緑茶は高級品である。中国やインドの茶畑は日本の茶畑と違って、ほとんど人手を加えないで自然のままというのが多い。中国歴代の王朝では最高の進貢(しんこう)茶は山の急斜面に生えている野生の茶樹の新芽に限るとされていた。

図 2.3.1　中国杭州・龍井の茶畑と、新茶を鉄鍋で炒る作業

中国における喫茶

4世紀頃には、四川省をはじめとする揚子江流域で喫茶がかなり普及していた。当時は乾燥した葉茶を打砕して煮て飲んだらしい。

唐代になると上流階級はもちろん庶民の階層にも喫茶の習慣が定着した。茶聖・陸羽は「茶経」を著した。「茶は南方の嘉木なり」ではじまる茶経には、茶の起源、茶の薬効、製茶法、茶道具、飲み方など、茶のすべてが詳しく記述されている*3。

当時は固形茶（團茶、餅茶、磚茶）が主流で、摘み取った生葉を蒸して臼で搗いて固めたものを乾燥してつくった。使うときには「薬研」で潰した茶葉を湯釜の中で煮て、塩などを加えて飲んだらしい。

北宋時代になると抹茶（末茶）の飲用が一般化した。生葉を蒸して乾燥し、石臼で細かい粉末にして「茶盞」の中で茶を立てた。これに用いる黒い茶碗が「建盞」と呼ばれて普及した。抹茶を混ぜるため「ささら」に似た「筅」も使われた。都の開封では「闘茶」が流行した。

南宋の禅寺では、菩提達磨の像の前で一個の茶碗を回し飲みしたと伝えられ

図 **2.3.2** 薬研（モース・コレクション 米国・セイラム・ピーボディー博物館）

図 **2.3.3** 小堀遠州ゆかりの茶臼 銘小車、高さ：11.3 cm（遠州流宗家）

---

*3 「中国喫茶文化史」布目潮渢、岩波現代文庫、学術46（2001年）

る。

　元時代になると、生葉を蒸して醗酵を止めた葉茶を揉んでばらばらにして、それを乾燥してつくる「煎茶」が流行した。これが日本式緑茶の原点である。そして緑茶に適した白磁や青花の茶器が使われるようになった。

　明代の中期になると、醗酵を止めるため鉄鍋で炒る方法が主流となった。これが現在の中国茶の原点である。「炒茶」は「蒸茶」と比べて外見は悪いが、香りが強い。炒茶に適した「茶注」は日本でいう急須のことで、茶注の産地として江蘇省の宜興が登場した。これに相当する日本の「やきもの」は常滑焼と四日市の万古焼である。茶注は注ぎ口と持ち手が180度の後手であるが、急須はそれらが直角の横手が主流であることが違っている。

　喫茶の風俗は時代とともに変化した。中国では明時代から抹茶の飲用が廃れていった。現在の中国では抹茶は飲まない。

　現在の中国には1000種類を超える茶があるという。それらは、外観、香り、味などの違いから、緑茶、白茶、黄茶、青茶、紅茶、黒茶、花茶に大別される。量的には緑茶が主流で80％を占め、杭州の龍井が緑茶の最大の産地である。中国茶の製法は千差万別で、茶樹の種類、産地、気候、日光、茶葉の摘み取り時期、摘み取り方法、揉み方、乾燥方法、醗酵方法、醗酵の止め方などによって違いが生じる。緑茶は醗酵させないでつくる。烏龍茶は半ば醗酵させて、紅茶は完全に醗酵させてつくる。茶樹は細かく分類すると90種類にもなるという。

紅茶の文化

　ヨーロッパ人が茶の味を知ったのは17世紀初頭のことである。オランダ人は1610年に、英国人は1615年に、最初の緑茶を日本から輸入した。

　英国東インド会社による中国茶の輸入は1700年頃から急増した。そして1750年には同社の総輸入量の20％、1760年には40％を占めるまでに増加した。

　英国は茶の代金として植民地のインドで栽培させた阿片を売り込んだ。その結末が阿片戦争である（1839-42年）。大敗した清国は屈辱的な南京条約を結んで莫大な賠償を支払い、香港の長期租借を認めて半ば植民地となった。

　その一方で英国は、インド（現在のバングラデシュ）奥地のアッサム州で野生

の茶樹を発見した（1823年）。そしてヒマラヤに近いダージリンなどの僻地で栽培の努力が重ねられ、ついに成功した（1830-40年）。現在ではインドの茶樹は古い時代に中国から移植されたと考えられている。インド種と中国種の茶樹は自由に交配ができる。

インド茶のほとんどは紅茶（black tea）に加工された。インドやセイロンにおける紅茶の栽培には大規模農園（plantation）方式が採用されて、奴隷に近い大量の労働力を投入して生産が開始された。

英国東インド会社によるインド茶の輸入量は1880年には中国茶のそれを上回って圧倒的な地位を獲得した。現在では、世界中で生産・消費されている茶の80％が紅茶である。残りの20％は中国茶と日本茶である。

紅茶は洋風磁器の紅茶器を使って、砂糖やミルクを入れて飲むのがおいしい。イギリス人の紅茶好きは呆（あき）れるほどで、世界の紅茶の半分が英国で消費されている。

日本における喫茶

日本に喫茶が伝わったのは遣唐使の時代であるが、それほど普及しなかった。茶に関する最初の正式記録は平安初期（815年）である。嵯峨天皇が滋賀の崇福寺に参詣された折り大僧都永忠（そうづ）が茶を煮て奉ったとある。永忠は在唐35年、最澄と同じ遣唐使船で帰国した（805年）が、その折りに茶の種子をもち帰った。

日本の茶祖とされている栄西（えいさい）は比叡山で修業した後、二度入宋して臨済禅を学び、後鳥羽天皇の建久2年（1191年）に帰国した。その時に茶の実をもち帰って、抹茶を用いる喫茶の習慣を伝えた。彼は源実朝に自著の「喫茶養生記（ようじょう）」[*4]と茶葉を献じた。そして源頼家の寄進で京都鴨川の河畔に創建された建仁寺の境内などで茶樹を栽培した。

鎌倉時代の留学僧は南宋の浙江省・天目山で修業した。天目山の各寺院では福建省の「建窯」で焼かれた建盞（さん）を使っていた。留学僧は喫茶の作法とともに天目茶碗を土産に帰山した。禅僧によって招来された喫茶はやがて、茶の心が禅の心

[*4]「栄西　喫茶養生記」古田紹欽、講談社学術文庫1445（1998年）

に通じるとする「茶禅一味」という概念を生んだ。

　喫茶の風習が普及すると、中国製の茶道具が高級品としてもてはやされた。中国から舶来された道具を「唐物(からもの)」と総称するが、周辺諸国の作品を含む場合もある。「やきもの」産業が未発達であった鎌倉時代は唐物は宝物であった。当時は、中国、朝鮮、日本を結ぶ貿易船が頻繁(ひんぱん)に往来して大量の唐物を輸入していた。

図 2.3.4　灰被(はいかつぎ)天目茶碗、南宋-元時代
口径：11.6 cm（根津美術館）

図 2.3.5　砧(きぬた)青磁　袴腰香炉
南宋時代、口径：21.9 cm
（重要文化財、出光美術館）

　明の「煎茶」を伝えたのは江戸初期の隠元（1592-1673 年）である。彼は福建省の人で黄檗山・万福寺の住持であったが、日本に招かれて幕府から提供された宇治の地に同じ名前の寺院を建てた。

茶の湯

　禅宗寺院を経て導入された中国茶の作法は、室町幕府八代将軍・足利義政の時代に日本式に変革されて「茶の湯」が確立した。銀閣を建てたことで有名な義政は政治的には全く無能であったが、文化人としては超一流であった。彼は侘茶(わびちゃ)の祖とされる村田珠光(じゅこう)を召し抱えて「茶の湯」の様式を整えさせた。彼らが工夫した茶会が新興商人が活躍した堺で開花した。堺の茶匠・武野紹鷗(じょうおう)の「茶の湯」は織田信長と結ばれて発展した。

珠光や紹鷗は中国の道具に代わって高麗茶碗を評価した。高麗茶碗は朝鮮半島でつくられた茶碗の総称であるが、高麗時代の品物は僅かで李朝時代の民窯の作品がほとんどである。

豪華絢爛たる桃山文化が花開いた戦国時代は、一方では「茶の湯」が流行して日本独自の美意識が芽生えた時代でもある。忙中の閑に風流を心掛けて催された茶の湯は、戦闘に明け暮れた武将にも、利に聡い豪商たちにも共感できる時間と空間を与えた。茶席では身分に囚われることなく、さまざまな情報が交換がされた。

それに加えて、方丈の茶室で日常の雑事を離れて遁世の時間と精神開放の空間をもつという「市中の山居」や「市中隠」が、本当の隠遁生活に勝るとする考え方も生まれた。

織田信長（1534-82年）は天才であった。彼は凡人が考えつかない新しい概念を次々に創作して人々を中世の呪縛から解放した。彼は権力と金力を使って「茶器」の名品を集めて、しばしば茶の湯を催した。そして功績を挙げた重臣には名品の茶器を授けて茶の湯を許した。「茶会」を主宰できることは彼らにとって大きな名誉であった。茶会をもり立てる小道具が「茶道具」である（**口絵 2.3.1** 青磁 香炉、**口絵 2.3.2** 青磁 刻花牡丹唐草文・瓶、**口絵 2.3.3** 白磁 刻花蓮花文・洗、**口絵 2.3.4** 青花 蓮池魚藻文・壺）。

世界にただ一つという品物は誰にとっても何物にも代え難い魅力があった。戦国の梟雄・松永弾正久秀（1510-77年）は、室町将軍・足利義輝を謀殺し、東大寺大仏殿を焼き討ちしたが、上洛した信長に降った（1568年）。彼は信長に三度背いて三度許されたが、ついに信貴山に囲まれて絶対絶命となった。彼は助命と引き換えに献上を迫られた天下一の茶道具「平蜘蛛の茶釜」を胸に自爆して地獄に旅だった。命と茶道具を交換した人は彼だけではない。愛する井戸茶碗「喜左衛門」を手放したくないあまり、首にかけて野たれ死んだと伝えられる数奇者・塘 久兵衛の話もある。

茶道具の名品は千金の価値を創出した。限りある狭い国土の為政者にとって論功行賞は頭の痛い問題であった。信長は「何の変哲もない雑器が一国一城に匹敵する」という新しい概念を創造したのである。しかし信長が集めた茶道具の名品

2 「やきもの」の美

は本能寺で焼失した。

信長の発想は秀吉（1536-98年）に引き継がれて発展した。太閤は金色に輝く「茶室」をつくらせる一方で、「和敬清寂」の千利休を重用した。利休は彼の美意識を色濃く表現する「やきもの」を瓦師の長次郎につくらせた（口絵 2.3.5 長次郎 黒楽・茶碗、口絵 2.3.6 長次郎 赤楽・茶碗）。

利休のあとを継いだ大名茶人は、細川三斎忠興、蒲生氏郷、高山右近、古田織部正重然、小堀遠州らであった。

輸入雑器

戦国時代には「高麗茶碗」が茶会を演出した。

「井戸茶碗」は、15世紀の一時期に朝鮮半島のどこかでつくられた無名陶工の作品である。しかも飯茶碗であったか湯飲み茶碗としてつくられたものかも定かではない（口絵 2.2.6 井戸茶碗）。

「三島手」は李朝前期に朝鮮半島の南部でつくられた「やきもの」で、韓国では粉青沙器と呼んでいる。象嵌の紋様が伊豆の三嶋大社が発行した三嶋暦の小さい文字に似ていたことからこの名前がついた（口絵 2.3.7 三島手・壺）。

「粉引」は化粧掛けした白泥釉が粉を引いたように見えるので、粉吹ともいう。

図 2.3.6 井戸茶碗　銘奈良
李朝時代、口径：15.5 cm
（重要美術品、出光美術館）

図 2.3.7 粉青沙器　印花縄簾文・壺
李朝時代、高さ：18.5 cm
（重要文化財、静嘉堂文庫美術館）

図 2.3.8　宋胡録

図 2.3.9　唐物茶壺（呂宋壺）銘松花
南宋-元時代、高さ：38.6 cm
（大名物、徳川美術館）

三島と同系統の「やきもの」で、慶州南道でつくられた（口絵 2.3.8 粉引・茶碗）。

宋胡録や呂宋壺など東南アジアの雑器も輸入されて、大変な高値で取引された。宋胡録はタイの旧首都スワンカロークの中国系の窯でつくられた「やきもの」である。品質はいま一つであるが独特の味がある。

呂宋はフィリピン・ルソン島のことで、呂宋壺は葉茶壺として珍重された。しかし実際には中国広東省佛山市石湾窯でつくられた壺で、薬や香料そして酒などを入れて輸入されたらしい。茶壺は茶席の床飾りとして重要な道具であった。

和陶の進歩

茶の湯は日本陶磁の発達に深く関係している。茶道具という世界に例を見ない「珍妙・奇天烈」な価値観と美意識の共有が和風陶器の発展に寄与した。茶陶の登場によって日本の「やきもの」は一変して、輸入陶磁が最高であるとする意識が変革された（口絵 2.3.9 瀬戸 天目茶碗、口絵 2.3.10 美濃 白天目茶碗）。

和風陶器の魅力は、非対称や傷と歪みを気にしない独特の造形に加えて、新しい釉を開発したことにある。たとえば、厚くぼってりと掛けた白釉と大胆な貫

入を組み合わせた「志野」など、独特のさまざまな工夫が試みられて和陶が発達した（**口絵2.3.11** 志野 矢筈口水指、**口絵2.3.12** 鼠志野 茶碗）。

鉄釉は宋時代に発明されたが、現地では青磁や青白磁が尊ばれて鉄釉は脇役でしかなかった。ところが日本人は鉄釉にも夢中になった。なにしろ中国製の天目茶碗が5件も国宝として残っているこの国である。天目釉に独自の工夫が加えられて地味で渋い鉄釉陶器が発達した（**口絵2.3.9** 瀬戸 天目茶碗）。

利休の後を継いだ茶人で武将の古田織部は美濃窯を指導して、緑釉や鉄釉を基調とする「織部焼」をつくらせた。織部焼はデフォルメされた奇抜な造形デザインと、斬新で近代的感覚の絵柄が特徴である（**口絵3.4.6** 織部 四方手・鉢、**口絵3.4.7** 黒織部 沓形・茶碗）。

図 **2.3.10** 志野 茶碗 銘猛虎
美濃窯、桃山時代、16世紀
（野村美術館）

図 **2.3.11** 織部 松皮菱手・鉢、美濃窯
長径：26.5 cm、桃山時代
（北村文華財団）

本阿弥光悦は刀剣の研磨・鑑定を業とする家に生まれたが、書画、漆芸、陶芸に優れ、江戸初期の美術・工芸の広い分野で指導的役割を果たした（**口絵2.3.14** 光悦 黒楽・茶碗）。

御室焼の仁清は赤を基調とした華麗な王朝趣味の上絵技法を開発した。彼の作品21点が重要文化財に、内2点が国宝に指定されている。これは個人の作品数として最高である（**口絵2.3.15** 仁清 色絵・山寺図・茶壺、**口絵2.3.16** 仁清 色絵・若松遠山図・茶壺）。

尾形乾山は二世・仁清の後を継いで、絵と書に独自の工夫をこらして「やきもの」の新領域を開拓した（**口絵 2.3.17** 乾山 色絵・皿、**口絵 3.4.13** 乾山・光琳合作 蓋物）。

名物と大名物

名物は姿形が特に優れた茶道具を呼ぶ名称である。茶人として有名な松江藩第七代藩主・松平不昧（1751-1818 年）は茶道具の名品を集めて、全18巻・着色図面入りの「古今名物類聚」を著した。その中で彼は、利休時代以前の名品を大名物、小堀遠州（1579-1647 年）が選んだそれ以後の名品を中興名物、中興名物に準ずるものを名物並と分類した。古今名物類聚で取り上げた名品中の4点が国宝に、7点が重要文化財に指定されている。国宝の玳玻天目茶碗と井戸茶碗もその中に含まれている（**口絵 2.2.5** 玳玻天目茶碗、**口絵 2.2.6** 井戸茶碗）。

お茶壺道中

家光以後の江戸時代には「お茶壺道中、正式には宇治採茶使」が、十万石の格式と 400 人を超える大行列で江戸と宇治を 235 回も往復して将軍家御用の新茶を運んだ。これには呂宋壺と信楽でつくられた特製の四耳壺が使われた。

図 **2.3.12**　お茶壺道中「宇治御茶壺之巻」（国立国会図書館）

「ズイズイズッコロバシ　胡麻味噌ズイ　茶壺に追われて　トッピンシャン　抜けたーら　ドンドコショ　俵の鼠が米喰ってチュウ」という童歌をご存知であろう。「胡麻味噌」はごますり接待、「トッピンシャン」は戸をピシャン、「抜けたーら」は通り抜けたら、「ドンドコショ」は大騒ぎしよう、「鼠」は役人のこと云々と、解釈はいろいろであるが、お茶壺道中を皮肉っていることは確かである。

茶壺には最高級の「碾茶」が入っていた。碾茶は覆いの中で20日間くらい育てた「覆茶」の生葉を摘んで、蒸気で蒸して揉まないで乾燥し、荒砕きして茎の部分を除いたものである。蒸して揉んで乾燥してつくるのが「玉露」である。

碾茶を茶臼でゆっくり碾(挽)いた粉末が「抹茶」である。碾き立ての抹茶は生簀の魚料理に喩えられるほど美味であるという。茶臼は緻密な石材に高精度の加工を施した小さな石臼で極めて高価である。この道具で 1/100 mm 以下の非常に細かい抹茶に碾くことができる。茶臼は茶磨とも書くが、もともとは、臼は搗臼を、磨は碾臼を意味していたという。

老木の若芽からつくる抹茶は濃茶に、若木の新芽からつくる抹茶は薄茶に用いられた。

日本式の「煎茶」は、摘んだ生葉に蒸気を通し、よく揉んで細長い形に巻き揃えた緑茶で、緑色で見た目に美しい。この製法は宇治で開発したとされている。

家元制度

江戸時代が経過すると天下は泰平となって、武士階級は隔日出勤の事務官に変化した。人々は有り余る時間をいかに過ごすかで苦心した。学問、武芸、趣味、芸事等々、あらゆる分野で好きな者同士が集まって同好会をつくった。その過程でこの国独特の家元制度が生まれた。古典技芸にはいくつもの流派があるが、それぞれの流派の正統を継承しているのが家元である。家元という呼び名は江戸中期からであるが、家元の実体は平安時代には成立していた。

「茶道」では利休の子孫が表千家・裏千家・武者小路千家に分かれて伝統を継承している。茶道にはその他にも、遠州流、藪内流、有楽流等々40もの門流がある。煎茶道も生まれた。これだけの家元が存在するのであるから茶道人口は巨

大で、茶道具の需要も莫大である。家元は免許制度を通して、千家十職（じっしょく）（陶工、釜師、塗師、指物師、金物師、袋物師、表具師、細工師、柄杓師（ひしゃく）、陶器師）の職人や多数の門人と経済的に結びついて共存共栄している。

「茶道」は「茶の湯」に比べて、作法と形式に傾斜している。中国にも茶道に相当する茶藝（茶芸）があるが、作法にはあまりこだわらない。抹茶を用いる「お点前・作法」は現在の中国にはない。

茶道具の鑑賞基準

この世界の権威者による解説は感覚的で、細部にこだわる独特な表現が多い。国宝に指定されている井戸茶碗・喜左衛門を例にしてそれを説明する。「この大井戸茶碗は威風堂々として、全体の造形の威容は冠絶（かんぜつ）している。胴に現れた釉色は枇杷肌（びわはだ）に似て特に賞翫（しょうがん）に値する。胴の張りは豊かで、腰の切り回しから高台（こうだい）にかけての削りが手強（てごわ）い。高台は背が高く竹節をなし雄々しく立っている。高台の周囲とその内部には梅華皮（かいらぎ）が見事な景をなしている。高台内には兜巾（ときん）の盛り上がりがあって全く素晴らしい」という具合である。このように細かい部分についての大仰（おおぎょう）な表現には無粋な門外漢はとてもついて行けない。しかしこの品物が二つとない珍品であることは誰にでも分かる。

なお、高台とは茶碗や皿鉢の底につけた台をいう。梅華皮は刀の柄（つか）に用いる蝶（ちょう）

図 **2.3.13** 井戸茶碗、銘喜左衛門の表と裏の景色

鮫の皮のことで、茶碗にある不規則な粒状の群がりをこれに喩えている。兜巾は山伏が頭にいただく冠を指している。

井戸の名称には諸説があって判然としない。喜左衛門の名は大阪商人の竹田喜左衛門が所持していたからで、この茶碗には不幸な歴史がある。太閤に献上されたこの茶碗は古田織部に与えられた。織部が切腹して徳川家が接収した茶碗は本多能登守忠義に下賜された。お家騒動で本多家が断絶したのち、茶碗は中村宗雪、塘久兵衛、松平不昧へと伝わった。この茶碗を使うと腫物ができるという噂があって、不昧もその子も腫瘍を患った。そのため彼の死後大徳寺孤篷庵に納められた（口絵 2.2.6　井戸茶碗）。

和食器

日本料理は旬の料理によく合う食器を選んで美しく盛りつけて味覚と視覚の両方で賞味する。和食器はセットであっても形や絵柄が少しずつ違っていても一向に構わないし、その方がむしろ風情がある場合もある。

星岡茶寮で究極の味を提供した北大路魯山人（1883-1959 年）は食についての総合演出家であった。彼は料理と食器が渾然一体となった理想の食事を追及して、それを星岡茶寮で実現した。そのため専用の窯（魯山人窯芸研究所）を北鎌倉に築いて、工人達を指揮して「やきもの」の制作にも没頭した。

2.4 陶芸天国

陶芸天国日本

　現代の日本人は世界で一番の「やきもの好き」で、色刷りの陶芸雑誌が数万部も売れる陶芸天国（陶芸家天国？）である。全国各地には伝統的な「やきもの」の産地が百箇所以上もあって、どこの窯元でも愛好家の列が絶えることがない。

　外国では陶芸で生計を立てるのは大変難しいことであるが、近年の日本列島には陶芸作家が溢れている。有名な陶芸家の作品とあれば何百万円でも引く手数多である。

　天然原料は複雑かつ不均質で科学的な研究が難しい。陶芸は炎の芸術で、再現が難しい窯変現象もある。それ故に感性と偶然を頼りに制作して素晴らしい作品が期待できるというものである。都会の住人にとっては陶芸はかなり贅沢な趣味の一つであるが、町の陶芸教室が繁盛している。陶芸の専門教育も盛んで、全国数十の大学に陶芸科や陶芸研究室が設置されている[*5]。現在の日本では「やきもの」は芸大の守備範囲で、工学の対象ではない。

　大学の工学部では「やきもの」の研究者は皆無となった。国立研究機関の「やきもの」研究室もすべて先進セラミックスに転進した。東京高等工業学校（通称・蔵前高工）の窯業科には陶芸の教科目があって、板谷波山も教鞭をとっていた。しかし関東大震災で大岡山に移転して大学に昇格した際に陶芸関係の科目は全廃された。現在、全国で唯一生き残っている工学部・無機材料工学科の学生定員は35名であるが、陶芸家を志望する学生は一人もいない。これらの問題については前著[*6]で解説したから興味のある方は参照されたい。

[*5]「全国陶芸学校・施設ガイド―陶芸をはじめる人のために」、阿部出版（2001年）
[*6]「やきものから先進セラミックスへ」加藤誠軌、内田老鶴圃（2000年）

伝統工芸

日本の伝統工芸で陶芸が占めている地位は不動である。

第37回日本伝統工芸展（平成2年）の一般入選作品は678点あるが、内訳を見ると、陶芸（第一部会）が37.8％、染織（第二部会）が13.1％、漆芸（第三部会）が12.7％、金工（第四部会）が10.2％、木竹工（第五部会）が11.9％、人形（第六部会）が5.2％、その他（第七部会）が7.8％である。そして第七部会の大部分が七宝とガラス工芸である。つまりセラミック芸術が伝統工芸の約45％を占めている。

第46回日本伝統工芸展（平成11年）の統計でもこの傾向は全く変わっていない。たとえば、陶芸部門（第一部会）の出品数1332点は全出品数2395点の55.6％を占めている。入選数250点は全入選数718点の34.8％である。それに加えて、第七部会の入選数の80.0％は七宝とガラス工芸である（表2.4.1）。

表 2.4.1　第46回日本伝統工芸展の統計（平成11年）

部会	区分	出品数	応募比率%	入選数
第一部会	陶芸	1332	55.6	250
第二部会	染色	297	12.4	97
第三部会	漆工	177	7.4	99
第四部会	金工	117	4.9	67
第五部会	木竹工	220	9.2	108
第六部会	人形	115	4.8	49
第七部会	その他	137	5.7	51
全部会	全体	2395	100	718

文化勲章を受けた陶芸家としては、板谷波山、富本憲吉、濱田庄司、荒川豊蔵、楠部弥弌、浅倉五十吉がいる。そのほか、芸術院会員、人間国宝、重要無形文化財保持者、伝統工芸士などの称号をもつ陶芸家も大勢いる。

民芸運動

　柳 宗悦（1889-1961年）が提唱した民芸（民衆的工藝）運動は、無名の工人がつくった素朴な生活雑器である「下手もの」を美の祭壇に据えた。「用即美」すなわち「役に立つもの」の中にこそ「美しさ」が宿るというのである。

　しかし柳は個人作家を否定して、無名の工人が神の手に導かれて秀作が生まれると主張した。彼は、仁清は二流三流の陶工に過ぎぬとか、乾山の陶技は素人に近く、井戸の前では彼の茶碗は児戯に等しいなどと酷評した。

　これでは陶芸作家は創作意欲が湧くはずがないから、柳について行けなかった。河井寛次郎や濱田庄司など民芸調陶芸作家の活躍は茶道具とは別のジャンルを開拓して裾野の広い愛好者達を生んだ。

　毒舌家の魯山人は柳を「下手ものしか分からぬ輩」と罵倒した。

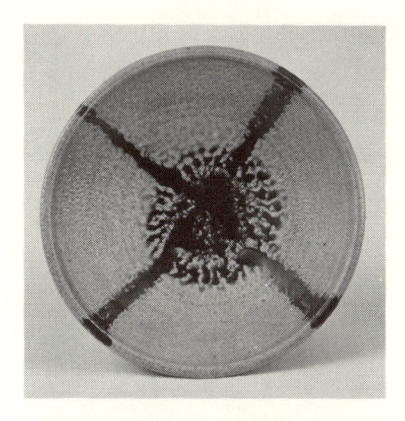

図 2.4.1　河井寛次郎　海鼠菱形・食籠
（河井寛次郎記念館）

図 2.4.2　濱田庄司　塩釉十字掛・鉢
直径：23 cm（日本民芸館）

前衛陶芸

　前衛陶芸も盛んである。中には正統技術を無視してわざわざ歪みや傷をつけた作品を制作している人もいる。しかし気にすることはない。奇を衒った「やきも

の」でも、長い年月が経過すれば優れた作品だけが残る。

ピカソは伝統的な絵画を描いたのち現代絵画に転向したが、前衛陶芸にも熱中した。縄文土器の躍動美に感激した岡本太郎は多くの陶壁を制作し、大阪万国博覧会では「太陽の塔」を建設した。

前衛建築の横行は目に余る。莫大(ばくだい)な費用を投入してつくられた公共建造物、たとえば旧都庁跡の東京国際フォーラムなどがその代表である。それらは建築費はもちろんであるが、維持費だけでも大変な出費を強(し)いられている。これらはデザイナーの欲望を満足させるだけの無用の長物で、経費を負担した市民こそいい面(つら)の皮である。

作者の銘と無名陶工

現在では、企業が製造したセラミック製品には企業の登録商標が入っている。陶芸作品には陶芸家個人の銘(めい)が入れてある。伝統窯の作品でも「第十三代○○右衛門」というような銘が入っている。

しかし著作権がなかった昔は「偽物」や「写し」が堂々とつくられていたし、自己を強く主張する習慣もなかった。仁清や乾山などの陶工は弟子を指導しながら制作していたから、本人一人の作品であるとも言い切れない。

陶工初代柿右衛門（1599-1666年）が柿赤色の上絵を一人で発明したという美談は明治政府の国定教科書「尋常小学国語読本」巻十で有名になったが、これに

図 **2.4.3** 尾形乾山の作品のサイン

は種本がある。フランスの陶工パリッシーが苦心惨憺して赤い釉薬を発明したという伝記である。この話は「西国立志編」で紹介された（3.2参照）。

なお、酒井田柿右衛門は肥前有田の窯屋の商号で、個人の名前ではない。有田でも中国でも欧州でも磁器製品の製造では完全な分業制が採用されていた。たとえば明代の景徳鎮官窯では製造工程は23に分かれていて、熟練した工人がそれぞれの工程を分担して制作していた。それ故に昔の磁器には個人の名前はなくて、すべては無名の陶工達の汗の結晶であった。

中国磁器や伊万里磁器で年代や記名がある作品は非常に珍しいので研究者の収集対象になっている。

軟質の「やきもの」をつくることは技術的には難しいことでない。それでも全作品に自分の名前を堂々と大書した陶芸作家は尾形乾山（1663-1743年）からである。彼の師である野々村仁清は作品に刻印を押したが記名はしなかった。

本阿弥光悦は娘に与えた白楽茶碗・不二山の箱に著名した。これが日本工芸史上最初の箱書きであるという。

銘や落款へのこだわりは近年のことである。

陶芸と現代科学

「やきもの」の色に最も影響する元素は鉄である。酸化鉄には FeO と Fe_2O_3、そして Fe_3O_4 があって、マンガンやチタンなど不純物の存在や、焼成温度と雰囲気の酸素分圧の微妙な変化によって生成物の色調が異なる。

日本人は地味で渋い色調を与える鉄釉が大好きである。鉄釉の色調は、純黒色から→黒褐色→褐色→茶色→黄褐色→黄色→淡黄色へと連続的に変化する。それに加えて、曜変天目、油滴天目、玳玻天目、禾目天目、木葉天目、灰被天目など、千変万化の紋様の変化が期待できる。たとえば、高温から急冷してつくる「引出し黒」は Fe_3O_4 の色であるし、同じ品物を炉中で徐冷すると $\alpha\text{-}Fe_2O_3$ に酸化されて茶色の「やきもの」ができる。

油滴天目は6-10％の酸化鉄を含む釉を用い酸化炎焼成してつくる。酸化鉄が高温で分解して粘度の高い釉から気泡となって放出された窪地に、鉄分の多いガラスが流れ込んで冷却の過程で酸化鉄が結晶化して紋様が現れる。複雑な鉄釉を

図 2.4.4　禾目(のぎめ)天目茶碗、南宋時代（京都国立博物館）

経験だけを頼りに開発した南宋の工人達には感服する。

現在では油滴天目や禾目天目をつくることができる陶芸作家は大勢いる。しかし天目釉はデリケートで、収率が悪く、全く同じ作品を正確に再現することはできないという。鉄釉については第二次大戦直前の困難な時期に発表された澤村滋郎の詳しい研究がある[*7-*10]。

時代は進歩した。酸化・還元反応を含むこの複雑な現象を、現代科学を無視して芸術的感性だけを頼って創作活動をするのは非常に効率が悪い。最新の科学的・工学的手法を駆使すれば、窯変現象の多くを解明できることは間違いない。現代科学を軽蔑(けいべつ)してはいけない。陶芸家に助言したい。自分で分からなければ専門家の知恵を借りなさいと。

化学技術者の安藤堅は企業を退職した後「曜変天目」の再現に挑戦した。彼は

[*7] 鐵釉（天目黒釉及び油滴釉）その一
    大日本窯業協会誌、**48**〔567〕105-110（昭和15年）
[*8] 鐵釉（天目黒釉及び油滴釉）その二　同誌、**48**〔568〕163-171（昭和15年）
[*9] 鐵釉（鐵砂釉及び柿釉）その三　同誌、**48**〔571〕323-327（昭和15年）
[*10] 鐵釉（鐵砂釉及び柿釉）その四　同誌、**48**〔577〕383-386（昭和15年）

数年をかけて多数の試験片について実験した結果、伝世の曜変天目と非常によく似た作品をつくることができた。しかし彼はこの成果に自ら満足して、製法を極秘にして公表していない*11（口絵 2.2.3 曜変天目茶碗、口絵 2.4.1 曜変天目茶碗、口絵 2.4.2 安藤堅の曜変天目茶碗）。

曜変天目の再現は陶芸家の夢である。試作品と断ってはいるが「現代版-曜変天目茶碗」12ヶ月がインターネットのホームページに掲載されている*12。

技術の伝承と公開

学校の普及で基本的な技術の伝承は容易となったが、最も重要な技法は秘術になっている場合が多い。著名な多くの芸術家、たとえば板谷波山や荒川豊蔵は肝心の技法を公開しなかった。

造形の意欲

この国は豊かになって余暇が増えた。趣味の手芸や DIY の一つとしての陶芸人口が増加している。

普通の幼稚園児は粘土細工が大好きである。現生人類の本質は道具をつくって使用することにあるとする定義がある。ラテン語の「工作する人」を意味するホモ・ファーベル（homo faber）がそれである。石器時代の昔から人類は土器や織物をつくり、道具を工夫し改良することを積み重ねて今日の文明を築いた。物づくりこそ人間の特技である。

最近の研究によればチンパンジーも粘土遊びが大好きであるという。造形による創作意欲は霊長類の本能的欲望の一つかもしれない。

楽焼は手捻りで成形して、炭を使う小規模な内窯で一碗ずつ焼成する。楽は本来は楽家の人々の作品を指したが、本阿弥光悦のような優れた芸術家も楽の作品をつくっている。楽焼は素人でも手軽につくれることで人気がある。外国では茶道とは関係なしに RAKU が流行っている。

---

*11 「曜変天目再現へのアプローチ」安藤堅、化学と工業、**35** 552（1982年）
*12 うろこ窯　平賀一路、http://www.d5.dion.ne.jp/~sgk/

「やきもの」の鶴などをつくれる「陶紙」も市販されていて、趣味の折紙陶芸も楽しむことができる。

陶芸作品の焼成には小型のガス窯や電気炉が使われる。陶芸は七輪と木炭でも可能で、ヘアードライヤーを併用すれば1300℃以上の温度が得られるから陶器や炻器も制作可能である。

これらの方法で2-3時間もあれば「ぐい飲み」や「湯飲み」をつくることができる。自分の作品で楽しむ飲み物の味は格別である。

陶芸天国を支える力

草花や植木そして盆栽(ぼんさい)には一つとして同じものはない。盆栽は生花や俳句と並んで世界に通用する日本語の一つである。幕末の江戸は世界最大の園芸都市で、郊外には園芸集落が拡がっていた。当時の人々は誰でも彼自身の価値基準で園芸の「美」を愛(め)でた。「陶芸」は「園芸」と並んで現代の日本人が大好きな代表的趣味の一つである。

マイセンや板谷波山をつくるのは無理でも、織部様式や魯山人風の作品をつくることは初心者にも可能である。俳画や習字の素養があれば、乾山写しや木米風の小品をつくるのは難しいことではない。乾山を超える作品を制作することも決して夢ではない。キャンバスに油絵、色紙に山水画も悪くはないが、陶画にも挑戦しては如何でしょうか。

この国の人が世界一の「やきもの好き」である理由は、多種多様な「やきもの」を、自分自身の好みで「美的価値」を評価しているからである。誰もが国宝や重要文化財の陶磁を愛蔵することは無理である。しかし凡人にも「生き甲斐」が必要である。現代の日本では「自分が好きなやきもの」という独特の価値観が陶芸天国を支えている。

「土を焼いてつくる茶碗が一国一城に匹敵する」という、日本以外の国では想像することすらできない概念を創出した信長は偉かった。それから四百数十年の歳月が経過した現在でも「不斉の美」を支持する人が大勢いる。これこそ歴史の重みである。他国と違うからと、いたずらに想(おも)い患(わずら)う必要はない。外人さんから見ると変梃(へんてこ)なこの国の文化も捨てたものではない。

2.5 「やきもの」の真贋

本物と偽物

「虚（きょ）」は口でつく嘘（うそ）で、すぐにばれる「ウソ」をいう。「偽（ぎ）」は偽（いつわ）りで、なかなかばれない「ウソ」をいう。

本物（genuine）である条件は、①本物それ自身が素晴らしくて、②真作（authenticity）であって、③独創性（originality）が優れている必要がある。

「本物の偽物（にせもの）」は、受託生産した際に余分につくっておいた本物のことで、「偽物の本物」は本物の型を使って後でつくった品物であって、「本当の偽物」は他人が真似てつくった品物をいうのだそうである。

「真・善・美」の追求は芸術家の使命である。

擬　態

自然界では、木の葉に似せた昆虫や、岩石そっくりの魚など、生物が生き残るための擬態が広く見られる。相手を騙（だま）し、敵を欺（あざむ）くのは、生物全体に共通する生き残る知恵である。戦争ではカムフラージュや諜報（ちょうほう）活動は生き残るための重要な手段である。フライ・フィッシングは魚を騙して余暇を楽しむ釣り人の工夫である。

代用品

本物の代わりに止むを得ず使われる品物が代用品である。第二次大戦中には陶器の手榴弾、貨幣（かへい）、アイロン、湯たんぽなどが試作されたが、結局は使われなかった。地雷などで失った手足を補う義手や義足、機能を失った内臓器に代わる人工心臓や人工腎臓などは立派な代用品である。

芝居や演劇そして映画では、大道具は裏から見ればベニヤ板の「張りぼて」であるし、小道具の刀は竹光（たけみつ）と決まっている。観客はこれを承知で楽しんでいるの

であるから、偽物が悪いというわけではない。

　食堂や食品売場には本物よりも本物らしいサンプル食品が並んでいる。これがあれば難しいメニューが読めない人でも間違いなく注文ができる。サンプル食品製造業は日本で生まれ育った個性豊かな中小企業である。

人工品と合成品

　天然産 (natural-) の本物に対し、人工 (人造、artificial-) とか、模造 (imitation-) とか、合成 (synthetic-) とつく品物がたくさんある。

　たとえば、研磨・研削に使うダイヤモンドの多くは超高圧装置で合成している。レーザーなど科学・技術で使われているルビーはベルヌイ法でつくられた合成品である。腕時計の水晶発振子に使う水晶はすべて水熱反応装置で合成される。エメラルドなどは屑石からつくる再生宝石が多い。

　真珠は昔から宝飾品として重要な地位を占めている。御木本幸吉は養殖真珠を完成して有名になった。模造真珠とか人工真珠と呼ばれるものにもピンからキリまである。太刀魚の鱗を粉にしてガラス球に塗装した安物から、合成パール顔料を何回も塗布して磨いた中級品まで種類が多い。

　天然の岩石を加熱・熔融したものを再結晶してつくる人工岩石の建材が地下鉄や地下街の壁や柱に使われている。

　人工大理石は無機物質の粉末を合成樹脂で固めてつくる。浴槽や食堂のテーブルカウンターなどに使われている。

　絹や羊毛そして木綿など天然繊維に代わる合成繊維がたくさん合成されている。初期には人絹（人造絹糸）など低品質の代用繊維が多かったが、現在ではナイロン繊維、ポリエステル繊維、ポリアクリル繊維など天然繊維よりも高品質の繊維がつくられている。合成ゴムや合成樹脂についても同様である。

　机や家具の表面を飾る木目調の合成板材や、本物の皮革よりも本物らしくて丈夫な合成皮革も市販されている。

　人工食品もたくさんつくられている。冷凍擂身を使った蟹蒲鉾や、海藻から抽出したアルギン酸を加工した人工イクラは中々の傑作で、百貨店やスーパーの食品売場に並んでいる。

美術品の模写と複製

　物事を理解するのと体得するのとでは全く違う。模写や複製は技術の伝承や向上に不可欠な作業である。たとえば近代日本画壇の頂点に立つ巨匠たち、横山大観（1868-1958年）、菱田春草（1871-1911年）、安田靫彦（1884-1978年）、前田青邨（1885-1977年）らもさかんに古画を模写した。模写の中には原画を凌駕する作品もある。

　ルーヴル美術館では、芸術家の卵達が名画の模写に精を出している。美術館はそれに使う梯子まで貸し出して奨励している。我が国の多くの美術館と違って写真撮影も自由にできる。

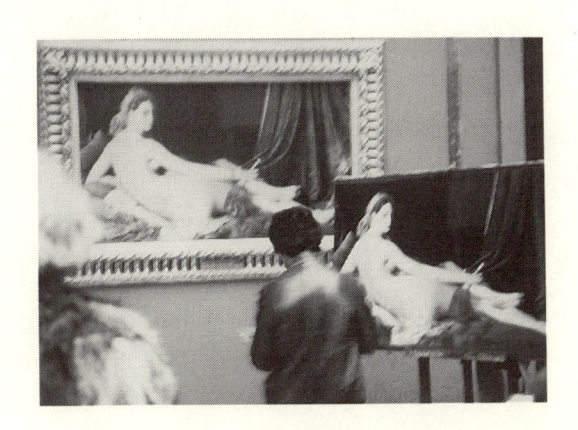

図 2.5.1　ルーヴル美術館での模写風景

　本物のレプリカ（replica）やコピー（copy）には立派な存在価値がある。各地のミュージアム・ショップではたくさんのレプリカ商品が販売されていて、それらは教材としても観賞用としても有用である。

　正倉院御物など国宝級の美術工芸品はやたらに公開ができない。これらの品物については一流の技能者が展示用の複製品（倣製、傚製、模造品、模型、模写）を制作している。

　大型の陶板画が写真技術と手技を併用してつくられている。陶板画は名画や壁

画のレプリカとして最適で、本物の凹凸まで正確に再現できる。陶板画は観客が直接手で触ることができるし、破損しても再現できる。徳島県鳴門市の「大塚国際美術館」には多数の泰西名画が現地と同じ状況下で原寸で復元されている。京都市の府立「陶板名画の庭」には「鳥獣人物戯画」や「最後の晩餐」などの複製が並んでいる。

特撮技術の発達

　バーチャル・リアリティー（仮想現実、virtual realiy）の技術が発達して臨場感溢(あふ)れる疑似体験を楽しむことができる。特撮技術はキングコングやゴジラの映画からはじまったが、三次元コンピュータ・グラフィック（CG）技術の進歩によってテレビやインターネットにまで登場することになった。

　大阪のユニバーサル・スタジオではジョーズや恐竜のロボットが活躍している。

文化財の修復

　生物ではない品物でも毀(こわ)れるし寿命がある。大事に保管している正倉院の宝物でも少しずつ劣化が進んで朽(く)ち果てていく宿命を負っている。文化財の保護には、保存、修復、復元などの技術開発が重要である。

　各地の遺跡から出土する土器はほとんどが破片である。それらの修復には石膏が使われて多くの人手を必要とする。西安の郊外にある秦の始皇帝陵の近くで出土した8000体もの兵馬俑(よう)はバラバラの破片で、それらを繋(つな)ぎ合わせる作業が進んでいる（図3.3.3）。

　破損した陶器や磁器の修復には昔から漆直しが行われた。漆で接合して補填部の表面を金粉で覆う金継(きんつぎ)の技法もよく知られている。当節は各種の合成樹脂で接合する場合が多い。

　焼接(やきつぎ)は白玉(しらたま)（酸化鉛80％、シリカ20％程度の低融点ガラスの粉末）を使って750℃位の温度に加熱して接合する。欠損した部分は同じ形状の部品をつくって接合する。

贋　作

　仿製品が利益を目的として市場に流通すると贋作(がんさく)ということになる。製作した本人に偽造したという意識がなくても市場に流通すれば贋作である。美術工芸品の贋作は古今東西の人間社会に広く分布している。商品価値のない旧石器の偽物までつくられるこの世の中で、高価な美術品に偽物が多いのは当然のことである。偽物が本物の十倍もないようでは一流の美術品ではないともいわれる。たとえば、富岡鉄斎（1663-1743年）や北大路魯山人の贋作は市場に10000点以上も流通しているそうである。偽物つくりの本場・中国では、オートバイ、家電製品、CDなどの工業製品のコピーはもちろん、美術工芸品の偽物も大々的に量産されている。

　著作権の意識がなかった昔は「やきもの」の「写し」が堂々と製造・販売されていた。3.1で紹介するモースは日本の「やきもの」にも詳しくて、京都清水の陶工・藏六父子を訪ねて仁清などの写しがつくられているのを発見した。モースは贋作者が全く恥ずかしがらないのが不思議だと述べている。

図 **2.5.2**　京焼　観瀑図・角皿　尾形光琳絵・尾形乾山書
　　　　　幅：21.8 cm（ボストン美術館、モースコレクション）

軟質の「やきもの」は「写し」をつくるのが難しくないから偽物が多い。贋作には絵と書の素養が必要であることはもちろんである。乾山や仁清には特に偽物が多くて鑑定が難しい。乾山や仁清には二世も三世もいるし、工房の弟子達の作品も多い。魯山人ともなれば工房の陶工達の作品がほとんどであるから、どれが本人の作品か分かったものではない。

しかし「鍋島」や板谷波山、清の官窯、そしてマイセンやセーブルとなると、道具屋の目を誤魔化(ごまか)せるほどの偽物をつくるのは絶対に無理である。

仿製品に古色をつけるには、土の中に埋めたり、薬品で表面処理するなどさまざなの工夫が使われる。修復した「やきもの」は、紫外線ランプで観察するとすぐ分かるものが多い。

素人の目を欺(あざむ)く贋作の手法にはいろいろある。たとえば「後絵(あとえ)」の伊万里は鑑定が難しい。これは江戸時代につくられた磁器で、小さな傷があるなどの理由で放置されていたものに、明治以降に上絵付けした品物をいう。

「やきもの」の市場価値

昔の茶人は朝鮮半島から輸入した雑器を「高麗茶碗」と称して異常に高く評価した。現地では評価がないにも拘(かかわ)らずである。呂宋壺も同様である。

茶道具の評価基準は独特で、価値感を共有する狭い社会でしか通用しない。茶陶にはいろいろな約束事があって、それから外れた品物には値がつかない。その道の権威者や家元のお墨付き、箱書きなどが異常に重視される。日本の美術品は「箱のあるなし」でも価値が大きく変わる。たとえ仁清の茶碗でも裸(はだか)では半額である。彼を指導した茶匠・金森宗和の箱や箱書きが付いてこそ値打ちがあるのだという。箱があっても後箱は駄目だし、毎日磨いたきれいな箱も嫌われる。隠(かく)された作為がある作品は特に嫌われる。新しい作品の肌を薬品で痛めたり、線香で燻(いぶ)したりと時代付けするなど論外である。分からないように傷を共直ししたり、二度窯で後絵をつけた品物などもちろんである。という具合に細かい約束があるから、茶道具は日本国外では値段がつかない。

永仁の壺事件

　第二次大戦後の「やきもの」関係の贋作事件としては、「永仁の壺」と「佐野乾山」が有名である。

　永仁の壺事件は、数十年来古瀬戸の再現に努力した著名な陶芸家である加藤唐九郎（1898-1985年）と、陶磁史研究家で陶芸家そして陶磁鑑定の第一人者である小山冨士夫（1900-75年）が引き起こした事件だったからである。小山は、第二次大戦中（昭和18年）の困難な時期に河北省で定窯の窯跡を発見したことでも有名である。

　昭和34年の文化財保護委員会に文部技官小山冨士夫から、永仁2年（1294年）と日本最古の紀年銘がある永仁の壺（正式には瀬戸飴釉永仁銘瓶子）が重要文化財に推薦された。推薦を受けた文化財保護委員会は異議なく壺を重要文化財に指定した。

　しかしその後各方面から疑惑が指摘されて、昭和36年に開催された文化財保護委員会でついに科学鑑定で決着をはかることが決まった。東京国立文化財研究所の江本義理技官らは、永仁の壺を鎌倉時代から確実に伝世している古瀬戸と蛍光X線分析装置で比較測定した。その結果、釉薬に含まれているルビジウムと

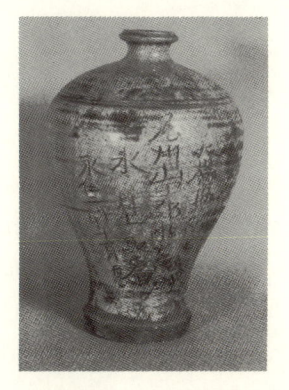

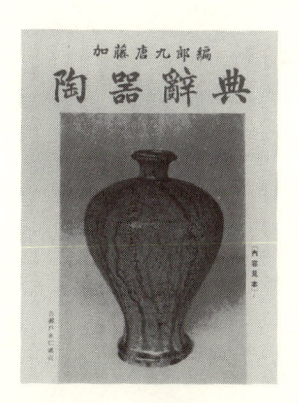

図 2.5.3　左）永仁の壺
　　　　　右）加藤唐九郎編「陶器辞典」の内容見本の表紙

ストロンチウムの比率がまるで違うことが指摘されて、結果は黒と判定された。

小山は責任をとって職を辞し、重要文化財の指定は昭和37年に解除された。加藤唐九郎は永仁の壺を贋作したことを認めてパリへ逃避した。

唐九郎はこの事件でかえって評価を高めた。小山はこの後も中国陶瓷の研究と著述に尽力し、作陶にも励んだ。

図 **2.5.4**　小山冨士夫の作品

佐野乾山事件

尾形乾山は有名な絵師である尾形光琳の弟であるが、晩年栃木の佐野に住んだという話がある。

昭和35年、百余点の「佐野乾山」が発見されて「佐野手控帳」という覚書も見つかった。その当時収集家の森川勇の依頼で東京工業大学に導入されたばかりの蛍光X線装置で著者が分析した。彼の後ろには国立博物館の陶磁専門技官Hが控えていた。

分析結果については前著[*13]で紹介したから、興味のある方は参照していただきたい。結果は森川に伝えたが、彼に懇願されてマスコミには公表しなかった。森川は第一級のコレクターで審美眼や古文書の読解には自信をもっていたが、そ

の上をゆく贋作者がいたわけである。

　森川は収集した佐野乾山を内密に処分したらしい。佐野乾山の偽物には巧拙数種類があって、森川コレクションの佐野乾山は本物に近くて古物商でも鑑定が難しいそうである。現在では3000点以上の乾山の偽物が骨董市場に出回っているという。偽作した犯人についてはほとんど判っていないのだという。

　ということで目利きや専門家の眼力もあまり当てにできない。つまり軟陶の鑑定はプロにとっても非常に難しいのである。

図 **2.5.5**　佐野乾山の例

高麗青磁詐称事件

　2000年晩秋のこと、谷俊成という陶芸家がオーストリアのウィーン王宮博物館で個展を開いた。これには外務省や京都市が後援していた。そのカタログには高麗青磁の再現者と記載されていた。しかし彼は単なる陶磁器輸入業者で、韓国の利川でつくらせた青磁を自作と偽って展示していたことが発覚した。次元の低い詐欺事件であった。

「やきもの」の科学鑑定

　元素分析は科学鑑定の基本である。物質中の各元素を定量するのに昔は湿式の化学分析が使われたが、現在では各種の機器分析法が発達して正確な測定値が短時間で得られる。主な測定法には、蛍光 X 線分析、原子吸光分析、質量分析、放射化分析などがある。

　「永仁の壺」と「佐野乾山」は昭和 30 年代の分析例であるが、現在開発されている各種の測定技術を駆使すればかなりのことが分かる。たとえば「やきもの」の素地や釉の組成、「やきもの」を製作した場所、製作した年代、焼成した温度などについての情報が得られる。昔は贋作をつくる側にしても顔料の化学分析などは予想もしていなかった。しかし今後は対策を考えて偽物をつくるから、結局は贋作者と鑑定者の知恵比べである。

古九谷の産地

　天然に産出する陶磁器原料には多種類の微量元素が含まれていて、微量元素の相対比率は産地ごとに差があることが分かっている。それらと陶磁器の素地を放射化分析法で測定して産地を確定できる。

　「古九谷」は以前は江戸時代初期に加賀大聖寺藩の九谷村で焼かれたと考えられてきた。しかし有田や九谷の古窯が発掘されて古九谷有田説が有力になった。この問題に決着をつけたのが放射化分析である。伝世品の「古九谷」と九谷古窯から発掘した磁器の破片について測定した微量元素の相対比率は明らかに違っていた[14]。このような研究と詳しい発掘調査の積み重ねによって、現在では「古九谷」が西有田の古窯でつくられたことが実証されている。

---

[13], [14]「やきものから先進セラミックスへ」加藤誠軌、内田老鶴圃（2000 年）

3 世界の「やきもの」

3.1 「やきもの」の発明
3.2 西方世界の「やきもの」
3.3 東洋の「やきもの」
3.4 日本の「やきもの」
3.5 ガラス工芸と七宝

3.1 「やきもの」の発明

日干煉瓦

　粘土に水を加えた練土(ねりっち)には可塑性(かそせい)があって任意の形状に成形できる。粘土で土偶(ぐう)をつくる作業は、数万年前から世界の各地で行われていたと推定される。この状態の成形体は水を加えると元にもどってしまうが、乾燥地帯では日干(ひぼし)煉瓦でつくった建造物でも十分使用に耐える。ほどなく木製の枠(わく)に練土を入れてつくる規格化した煉瓦が考案された。

　中国の黄河文明が発生した地域は微細な粘土からなる「黄土」の大地である。版築(はんちく)は、木材で枠をつくり、その中に黄土を入れて石槌で突き固める工法で、乾くと煉瓦のように硬くなる。

　河南省鄭州市には司馬遷の史記に記述がある殷(いん)代に築かれた、高さ10 m、幅20 m、長さ7 kmの版築の城壁が現存している。この版築の一層の厚さは約10 cmで、約100層も積層している。毎日10000人もの人達が働いて18年もかかったと推算されている。B.C.221年に中国を統一した秦の始皇帝はこの工法で万里の長城を築いた。中国の西の果て玉門関には版築で築かれた大きな墻壁(しょうへき)が遺されている（口絵3.1.1 版築工法でつくられた墻壁）。

　チグリス河とユーフラテス河に挟(はさ)まれたメソポタミア地方は粘土文明発祥の地である。シュメール人は日干煉瓦でアーチ式建造物をつくる方法を発明して世界最初の都市国家を築いた（B.C.3500年頃）。

楔形文字

　B.C.3000年頃、シュメール人は人類最初の文字を考案した。すなわち粘土板に絵文字を刻んで、それを乾かして文書を作成した。彼らの印鑑は彫刻を施(ほどこ)した石の円筒で、軟らかい粘土の上で転がして絵文字などをつけた。絵文字はやがて楔(くさびがた)形文字に変化して、アッシリアやバビロニアなど近隣諸国に受け継がれて進

化した。それがやがてアルファベット文字に発展した。

　楔形文字の粘土板はこれまでに約50万個が発掘されていて、その1/3が大英博物館に収蔵されている。それらの解読には今後200年もかかるという。楔形文字はB.C.60年頃を最後として使われなくなった。

図 **3.1.1**　楔形文字刻板　未焼成、B.C.1980年頃、直径13 cm（大英博物館）

塑　像

　塑像(そぞう)は焼成していない粘土の人形である。中国の敦煌(とんこう)や西域のガンダーラ地方などの乾燥地帯には、美しい彩色を保った多数の塑像が遺っている。古都奈良の寺院には数十体の塑像が暮らしている（**口絵2.2.14** 塑像 月光菩薩像、**口絵2.2.15** 塑像 伐折羅大将像(ばさら)）。

　大きな塑像は、木枠を組んでそれに縄を巻いて、麻や藁(わら)などの繊維を混ぜた土で粗塗(あらぬ)りと中塗りをする。指などの細部は銅の針金などで芯をつくる。塑像の表面は上質の粘土で仕上げをして、彩色して完成する。白鳳(はくほう)時代から奈良時代にかけて多数の塑像がつくられた。しかし雨が多いこの国では、平安時代になると佛像（仏像）は桧(ひのき)でつくるように変った。

土器の発明

　成形した粘土を乾燥して 500 ℃以上に加熱すると水に溶けなくなる。優れた賦形性（けい）と焼結性は粘土の大きな特長である。

　地球には数回の氷河期が訪れた。今から 30000-13000 年前の後期旧石器時代は最終氷河期で、現世人類の先祖が世界中に拡がった時代である。今から 20000 年前頃の日本列島は津軽海峡や朝鮮海峡が大陸と地続きで動物も人間も自由に往来できたらしい。

　今から 13000 年前頃、地球が温暖化して北半球の氷河が後退し、海面が上昇して日本列島が大陸から切り離された。その頃から世界各地で牧畜や農業がはじまった。人々の住まいは洞窟（どうくつ）から平地の竪穴式住居へと移って、各地で土器がつくられるようになった。最近の研究によれば、土器の制作年代は最終氷河期まで遡（さかのぼ）るという。

　土器の発明は人類史上特筆に値する事件であった。土器は食物や水を貯蔵する容器として重要な役割を果たした。それに加えて土器は多孔質で耐熱衝撃性があるため、食物を煮炊きしたり蒸（に）したりすることができる。これによって「調理」という画期的な文化が生まれた。

　砂漠地帯では昔から素焼の壺が冷水器として使われている。土器の毛管現象と水の蒸発熱を利用するアルカラザ（alcarraza）がそれで、室温よりも 7-8 ℃も冷たい水を飲めるのだという。素焼の植木鉢は根腐れがないので広く使われている。現在でも多孔質の「やきもの」が水やビールの濾過（ろか）に利用されている。

都市文明の誕生

　今から 7000-5700 年前の地球の気温は現在より 2-3 ℃高かった。高温期は 5700 年前で終わって、それからは気候が寒冷化して乾燥化が進んだ。その頃から人々は水を求めて大河のほとりに集まった。人口の集中は情報量を増大させて技術革新を促（うなが）した。チグリス・ユーフラテス河畔（かはん）で生まれた都市文明はたちまち世界中に拡散して、ナイル川、インダス川、長江、黄河の流域でも花開いた。古代文明が世界中で同時多発的に興隆したのである。

古代世界四大文明の一つであるインダス文明は、強力な支配者がいなかったし、都市には城壁がないという平和な社会であった。彼らは掌にいくつものるかわいい「やきもの」の人形をたくさん遺している。

図 3.1.2 ミニチュアの土偶（パキスタン・カラチ国立博物館）

中国の土器

中国の「やきもの」は歴史が古い。長江の中流域で今から約10000年前につくられたとされる「夾砂紅色土器」が出土した。この土器は素地に粗粒の砂を混ぜて成形して、空気の流通を良くして酸化炎焼成していた。この砂粒は素地の脱ガスを促進し乾燥収縮を制御して素地の割れを防ぐ役割を果たしている。砂粒の代わりに藁や繊維を混ぜて素地の靱性を向上する工夫も行われた。

今から約8000年前には黄河の中流域で、炭素の粉を素地に混ぜてかなり高温で焼成する灰色の土器がつくられた。灰色土器はたくさんの薪を窯にくべて空気の供給を制限して還元炎焼成することによってもつくられる。

河南省の仰韶遺跡や陝西省西安郊外の半坡遺跡から6000年以上前の彩色土器（アンダーソン土器）がたくさん出土している。

河南省や河北省の遺跡からは、約6000年前につくられた化粧掛け（エンゴーベ、engobe）土器が出土している。これらの「やきもの」は、白色や黒色の泥漿を素地にかけて焼いたスリップ（slip）土器である。白色顔料には水簸したカオリンが、黒色顔料には酸化鉄と酸化マンガンが使われていた。

図 3.1.3　彩陶　双耳壺
新石器時代・仰韶文化期
高さ：36 cm（出光美術館）

図 3.1.4　白陶　鬹
新石器時代・龍山文化期
高さ：25 cm（北京故宮博物院）

東南アジアや中国の奥地では、現在でも昔ながらの方法で土器がつくられている。雲南省の奥地・西双版納の傣族の野焼では、薪の上に成形した土器を並べ、その周囲を穂先を上にした藁束で覆い、赤土の泥でそれを塗りつぶしてから火をつける。焼成時間は15時間程度である（口絵 3.1.2 野焼風景）。

縄文土器

日本各地の遺跡でも新しい発見が続いている。最新の加速器質量分析装置はわずか数 mg の試料について ^{14}C 年代測定ができる。青森県蟹田町大平山元 I 遺跡から出土した土器と木炭がこの装置で研究された。その結果は実に16500年前と

いうことで、2000年末の段階では世界最古の土器であることが判明した。

東京都新宿区百人町の遺跡からは煮炊きに使った形跡がある12000年前の土器が出土している。この土器は厚さが平均5 mmと薄くて伝熱性に優れていて、原料の粘土に鹿などの動物の毛を混入して補強していた。

明治10年、東京大学に生物学教授として着任したモース（E. S. Morse, 1838-1925年）は、横浜から新橋に向かう車中から大森貝塚を発見した。早速当局の許可を得て発掘した土器には、縄や紐を転がしたり押し付けたりしてつけた独特の紋様があったことから、彼はcode mark pottery（縄紋土器、縄文土器）と命名した。ダーウィンの進化論を最初に日本に紹介したのもモースである。

縄文土器の動的で大胆な造形感覚と独創的な紋様は、日本列島に住んでいた古代人にふさわしい。縄文土器の様式や紋様は多種多様である。それらと製作年代や生産地との関係は詳しく研究されている。

縄文土器の多くは黒褐色で、空気の供給がよくない状況下で500-800℃の低温

図 **3.1.5** 遮光器土偶、縄文時代晩期
宮城県田尻町出土
（重要文化財、東京国立博物館）

図 **3.1.6** 縄文土器 甕、縄文時代中期
高さ：85 cm、埼玉県出土
（MOA美術館）

で焼成したらしい。縄文土器は材質的には一万年の間にこれといった進歩はなかった。縄文土器2件が国宝に指定されている（**口絵 2.2.11** 火炎形縄文土器、**口絵 2.2.12** 土偶 通称：縄文のヴィーナス）。

弥生土器

弥生土器は稲作技術と深く関係していて2300-2000年前頃からつくられた。縄文土器に比べると装飾が少なくて実用的な「やきもの」である。弥生土器は明るい黄褐色の「やきもの」で、空気の供給がよい状況下で800-900℃で焼成したらしい。有坂鉊蔵博士によって文京区本郷弥生町で発見されたのでこの名前がついた（明治17年）。

図 3.1.7　弥生土器　朱彩壺
弥生時代後期、高さ：32.6 cm
名古屋市熱田区高蔵遺跡出土
（重要文化財、東京国立博物館）

図 3.1.8　弥生土器　朱塗壺
弥生時代後期、高さ：38 cm
千葉県富津市金谷海蝕洞窟で発見
（重要文化財、出光美術館）

古墳時代の「やきもの」

古墳時代には、弥生土器の延長上にある「土師器（はじき）」と呼ばれる黄褐色ないし赤色の「やきもの」がつくられた（**口絵3.4.1** 土師器 高坏（たかつき））。それらは粘土の

「手捻り」や「紐つくり」で成形して、野焼かごく簡単な窯で800℃位の酸化炎で焼成した。煮炊き用の土鍋や「かわらけ」と呼ばれる小皿や、蛸壺などの生活雑器がつくられた。この時代は土師部などの部族が生産を担当していた。伊勢神宮の祭祀で使われる大量の「かわらけ」は、現在でも隣接している村で昔ながらの手法でつくられている。

土師器の技術でつくられた埴輪にも、おおらかな造形美の作品がたくさん遺されている。その中の1件が国宝に指定されている（口絵 2. 2. 13 埴輪 挂甲の武人）。

「黒色土器」は、焼成の後期に大量の松薪などを投入し、空気の供給を制限して、還元炎で燻焼きしてつくる。これによって土器の表面や気孔の内部に炭素の微粒子が析出して土器の吸水性が減少する。この技術が鈍い銀灰色を呈する「燻瓦」の開発につながった。

図 3. 1. 9 埴輪 犬、古墳時代 高さ：46.3 cm、群馬県佐波郡境町出土（東京国立博物館）

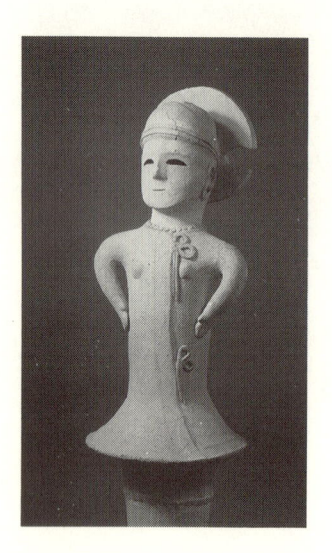

図 3. 1. 10 埴輪 女子像、古墳時代 高さ：60 cm、栃木県宇都宮市菖蒲塚出土（重要文化財、東京大学総合研究博物館）

3.2　西方世界の「やきもの」

古代エジプトの「やきもの」

　古代エジプトでは、ナイル川の恩恵で農業と天文学が発達して王朝の興亡が繰り返された。ファイアンス（faience）はエジプト古王朝時代の前からあった「やきもの」で、土偶や置物などの作品が多数つくられた（口絵 3.2.1 ファイアンスの河馬、口絵 3.2.2 ファイアンスのネックレス）。

　ファイアンスには銅を含んで青に発色するアルカリ釉が使われた。ファイアンスの素地はほとんど砂で、シリカが 93–96％を占めるので強度は十分とはいえない。粘土質の素地を使わない理由は、この素地にはアルカリ釉が接着しないからである。エジプトで豊富に産出する炭酸ソーダを砂に混ぜて加熱すると、水溶性の水ガラス（Na_2SiO_3）ができる。成形した像に水ガラスの水溶液を塗って乾燥し、それを加熱すると水ガラスと多孔質の素地が反応してアルカリ釉が形成される。

鉛釉の誕生

　「鉛釉」は酸化鉛とシリカを加熱して得られる透明釉である。鉛釉は機械的に丈夫な粘土質の素地に 800 ℃程度の低温で焼付けする。着色が自由な点でも優れている。銅を加えるとアルカリ釉は青に発色するが、鉛釉では緑に発色する。

　「鉛釉」はメソポタミア地方で発明されたとも、エーゲ海の南東部のロードス島の方鉛鉱が使われたともいう。

　1899 年に発掘された新バビロニア王国（B.C. 625–538 年）の首都バビロンのイシュタール門は鉛釉の彩色煉瓦で飾られていた（口絵 3.2.3 イシュタール門の彩釉浮彫煉瓦）。

　鉛釉の技術はペルシアやエジプトには早い段階で拡散した。中国には漢の時代に伝わって緑釉を生んだ。

古代ギリシアの「やきもの」

　土器の発明から一万年近くが経過すると、吟味した原料で成形してかなり高い温度で焼成することによって、緻密な組織の陶器がつくれるようになった。

　古代ギリシアの「やきもの」としては、黒絵(黒像)式陶器と赤絵(赤像)式陶器が有名である。これらの陶器は施釉はしていないが、非常に細かい素地土で化粧掛けしたり象嵌を施すなどして艶を出している。そして高名な画家が陶器をキャンバスとして神話や歴史上の有名な場面を描いているのが特徴で、芸術的に優れた作品がたくさん遺っている。

　黒絵式陶器は赤褐色の素地土の上に尖筆で図柄の輪郭を線刻し、黒土で図柄を塗りつぶして、図の細部を鋭く線刻した陶器である。名工エクゼキアスの作品が有名である。この技術は B. C. 580 年頃に頂点に達した（**口絵 3. 2. 4** 黒絵式陶器）。

　赤絵式陶器は黒絵式陶器とは反対に赤い図柄を背景の中に浮き出させる。赤褐色の素地の上に筆で図柄の輪郭線を描いて背景を黒く塗りつぶす技術である。黒絵式の尖筆の代わりに細い筆を使うので細かい表現が可能である。200 名以上の有名な陶画家の記録が残っている。赤絵式陶器は B. C. 480 年頃に頂点に達した（**口絵 3. 2. 5** 赤絵式陶器）。

　実用的な陶器としてはアンフォラ（amphora）と呼ばれる壺がある。アンフォラは二つの大きな把手が容器の頸部から腹部に伸びる形状の壺である。葡萄酒、オリーブ油、穀物などがアンフォラに入れて運ばれた。

古代ローマの「やきもの」

　ローマの「やきもの」は B. C. 30 年頃に最盛期を迎えた。「テラ・シギラタ、terra sigillata」と呼ばれる赤褐色の陶器が有名で、型押しによる繊細で優美な浮彫り装飾が器の内外に施されている。

　古代ギリシア文明を継承したローマ人にとって葡萄酒は必需品であった。広大なローマ帝国では葡萄酒は底が尖ったアンフォラに入れて運ばれた。35 *l* の葡萄酒を入れたアンフォラが奴隷 1 人と同じ値段で売買された。

3.2 西方世界の「やきもの」　　105

図 **3.2.1** テラ・シギラタの壺（大英博物館）と押し型（アレッツォ国立考古博物館）
ローマ時代

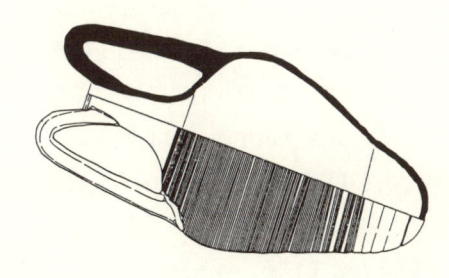

図 **3.2.2** シリア沖の沈船から引き上げられた 13 世紀のアンフォラの実測図
全長 25 m、船幅 8 m の船体に 5000 個のアンフォラ（器高 65 cm）を積載していた

地中海に沈んだ貿易船から多数のアンフォラが引き上げられている。

イスラム圏の「やきもの」

　中世のヨーロッパは魔女狩りに明け暮れていた。当時のイスラム圏はギリシア文明の継承者で科学・技術の先進国であった。スペイン南部のグラナダには 13-14 世紀に建造されたアルハンブラ宮殿がある。宮殿の内壁はイスラム式の華麗な幾何学模様のモザイクタイルで飾られている。イランのイスファハン（エスファハン）には 16-17 世紀につくられたタイル建築の最高傑作がある（**口絵 3.2.6** イスファハンのイラン宮殿の装飾タイル）。
　イスラムの「やきもの」としては、玉虫色に妖しく輝くラスター（luster）釉

が有名である。その技法は、素焼した器に酸化錫と酸化鉛を含む釉をかけて焼成し、その上に黄土に硫化銅などを混ぜた泥土で絵付けをする。これを低温の還元炎で焼成すると、金属銅の微粒子が薄く析出して玉虫色に輝くラスターが現れる。この技法は9世紀頃エジプトで発明されたといわれ、10-12世紀にはイスラム圏で普及した（口絵 3.2.7 イスパノ・モレスク大皿、口絵 3.2.8 ラスター彩紋章文・鉢）。

イタリアの「やきもの」

イタリアはスペインから大量の「やきもの」を輸入していたが、13-14世紀になると錫釉を使う明るい絵付けのマジョリカ（majolica）陶器[*1]が完成の域に達した。マジョリカ焼は不透明な鉛釉をかけた多孔性の石灰質陶器である。石灰分が多い泥灰土を使った坏土で成形し、950-980℃に焼成してつくる。人口3万人の北イタリアの小さい町、ファエンツァが生産の中心地である。フランス人はこの製品をファイアンスと呼んだ（口絵 3.2.9 マジョリカ色絵・皿、口絵 3.2.10 マジョリカ焼・水差）。

イタリア人はデザインを得意としている。現在の我が国も室内装飾用のデザインタイルを大量に輸入している。

フランスの「やきもの」

異端の陶工パリッシー（B. Palissy, 1510-89年）は極貧生活の16年を費やして色絵陶器のエナメル製造に成功した。田園生活と名付けた彼の作品は、蛇や蜥蜴(とかげ)などの小動物や植物を写実的な浮彫りで表現している（口絵 3.2.11 パリッシーの陶器）。

フリットを原料に混ぜてつくる軟磁器は1693年に開発され、ルーアンが代表的な生産地であった。フリット（frit）は成分混合物を熔融してできるガラス状

[*1] カラフルなイタリア陶器をマジョリカ（イタリア語ではマヨリカ、maiolica）焼と呼んでいる。マジョリカ島はスペインに近い地中海の小島で、スペイン東海岸でつくられた陶器がこの島を経由してイタリアに運ばれたことからこの名がついた。

物質をいう。軟磁器は焼成温度域が狭いのでつくるのが難しく、強度も十分とはいえない。1725 年に創設されたパリ郊外のシャンティー窯では柿右衛門写しの軟磁器をつくっていた。

　1738 年に国家庇護(ひご)をうけたヴァンサンヌ窯は硬磁器焼成の秘法を知るグラヴィアンらを雇(やと)い入れて、1745 年にはじめて白磁の製造に成功した。ルイ 15 世の愛妾ポンパドール公爵夫人（1663-1743 年）がこれに莫大(ばくだい)な財政援助を与えて奨励した。1753 年これが王立セーブル製陶所へと発展した。セーブル窯はセーブル・ブルーと呼ばれる藍色の磁器が自慢である（口絵 3.2.12 セーブル・ブルーの花瓶）。

　1768 年には南仏リモージュの近郊でカオリン鉱床が発見されて硬質磁器の製造が可能となり、リモージュが製陶の中心地として発展した。

オランダの「やきもの」

　西欧人にとって磁器は香辛料と並んで垂涎(すいぜん)の貿易商品であった。オランダ東インド会社は 17 世紀の東洋貿易を独占して莫大な数量の中国磁器と伊万里磁器を輸入した。それらは欧州の王侯貴族に歓迎されて金よりも高い価格で取引された。

　オランダでは磁器はつくれなかったが、青花磁器そっくりの錫釉陶器を発明した。デルフト陶器は、焼成した素地に錫釉をかけて酸化コバルトで彩画し、その上に透明な鉛釉をかけて焼成する。17 世紀の中後期にはじまったデルフト焼の装飾タイルも有名である（口絵 3.2.13 デルフト錫釉陶器、口絵 3.2.14 デルフト錫釉タイル）。

ドイツの「やきもの」

　ドイツのライン地方では 15 世紀から実用的な赤褐色の塩釉(えんゆう)器がつくられていた。酸化炎で器物を 1200 ℃に加熱した炉に食塩を投入すると、「やきもの」の表面で塩が分解してアルカリ釉が生成する（口絵 3.2.15 塩釉炻器　髭(ひげ)徳利）。

　ザクセン選挙侯フリートリッヒ・アウグストス二世は、若い錬金術師のベトガー（J. F. Böttger, 1685-1719 年）を、王都ドレスデンから 40 km 離れたケーニッ

ヒシュタイン城に軟禁して磁器の開発に従事させた。ベトガーは著名な化学者チルンハウゼンの指導を得て研究を進め、1709 年に朱泥炻器の試作に成功した。同年ドレスデン南西 90km のゲイツ山脈の町アウエでカオリン鉱床が発見されて、ついに純白色の硬磁器を完成させた（1709 年）。

翌年ドレスデンに近いマイセンで朱泥炻器の製造がはじまった（口絵 **3.2.16** 朱泥炻器 ティーポット）。白磁の製造は 1713 年から開始され、初期の作品には伊万里写しが多かった（口絵 **3.2.17** 色絵・柿右衛門写し 甕割図・八角皿、口絵 **3.2.18** 磁器 ティーポット）。

しかし秘密の漏洩を恐れた王に自由を奪われたベトガーは、酒に溺れて 37 歳の若さで病死した。

磁器製造の秘密は永くは保てなかった。つぎつぎに技術者が引き抜かれて、18 世紀の末頃には欧州各地で磁器が製造できるようになった。

科学的に磁器が研究されるようになってからの進歩は著しかった。

イギリスの「やきもの」

イギリスでは 1670 年頃からやきものの表面を泥漿で装飾するスリップ・ウエアや、髭徳利と呼ばれる朱泥炻器がつくられていた。

イギリスではカオリン鉱床が発見されなかったので硬磁器は製造できなかった。しかし「ボーン・チャイナ」と「ジャスパー・ウエア」という二つの新しい材質を発明したことで「やきもの」の分野に大きく貢献した。

ボーン・チャイナ（骨灰磁器、bone china）は、ジョサイア・スポード（J. Spode, 1754-1827 年）が 18 世紀の中頃に発明したとされる。骨灰磁器の現在の標準素地は牛骨を仮焼した骨灰 50、コーンウォール石 25、カオリン 25 である。ボーン・チャイナは暖かい白さと透光性に優れていて、衝撃強度が硬磁器の 2.5 倍もあるので、ホテル用食器などに賞用されている。ボーン・チャイナはフリット軟磁器ほどではないが、焼成温度域が狭いので焼成温度の制御が難しい（口絵 **3.2.19** ボーン・チャイナ スポード窯）。

イギリスの中央部に位置するストーク・オン・トレントはこの国最大の「やきもの」の町である。ジョサイア・ウエッジウッド（J. Wedgwood, 1730-95 年）

3.2 西方世界の「やきもの」

は英国の「やきもの」産業に最も貢献した人物である。

　彼はこの地で昔からつくられていた黒色の陶器を改良して、ブラック・バサルトと呼ばれる炻器を開発した。バサルト（バソールト、basalt）は玄武岩のことである。ブラック・バサルトは釉薬をかけないでも耐水性があって、研磨すると紫黒色の光沢を与える画期的な素材であった（口絵 3.2.20 ブラック・バサルト ミケランジェロの壺）。彼はさらにクリーム色の陶器、クリーム・ウエアを発明して女王御用達（Queen's ware）となった。

　ウエッジウッド窯でもっとも有名なのがジャスパー・ウエア（jasperware）である。ジャスパー・ウエアは外観が碧玉（ジャスパー）に似た「やきもの」で、1774 年に発明された。ジャスパー・ウエアは天然の硫酸バリウム（$BaSO_4$）すなわち重晶石（barite）を大量に（15-50 %）混入した素地でつくる白色の炻器である。顔料を素地に練り込んで、黒、青、緑など各色に着色できる。ジャスパー・ウエアには釉は使わない。花瓶やカメオなどの作品が多い（口絵 3.2.21 ジャスパー・ウエア 壺）。

　彼はこの素地で、有名な古代ローマン・カメオ・グラスの名品「ポートランドの壺」の精巧な複製に成功した。「ポートランドの壺」は大英博物館所蔵のローマン・カメオ・グラス（3.5 参照）の名品で、女神テティスと勇者の物語が浮彫り表現されている。壺は古代世界のガラス製造中心地であったアレクサンドリアで B.C. 25 年頃につくられた。ジャスパー・ウエアはローマン・グラスとは材質は全く違うが、作品の外観は非常によく似ている（口絵 3.2.22 ポートランドの壺、口絵 3.2.23 ポートランドの壺 ウエッジウッド窯）。

　彼は均一な規格をもつ「やきもの」の量産にも挑戦してこれに成功した。工業製品としての「やきもの」の生産技術を確立したのである。石膏型を用いる泥漿鋳込み法を生産工程に採用したのも彼である。

3.3 東洋の「やきもの」

青銅器文明

　1928年、河南省安陽で今から3500年前の殷王朝の都と11基の歴代の王墓からなる殷墟が発掘された。殷はおびただしい数の青銅器を製造して中国最初の王朝を開いた。青銅は銅と錫の合金である。湖北省の「銅緑山」で採掘された銅鉱石を精錬し、それにマレーシアなど南方で採れる錫を加えてつくった。

　青銅器を鋳造した鋳型は土器である。「黄土」に水を加えた練土で成形した鋳型は乾燥したのち800℃位の温度で焼成する。鋳型が冷えないうちに、熔融した1100℃の青銅合金を型に注いで鋳造した。鋳型を外した青銅器は金色に輝いて王権の象徴にふさわしかった。

図 3.3.1　饕餮文鼎、殷時代後期
　　　　高さ：55 cm（出光美術館）

図 3.3.2　尊盤、戦国時代
　　　　口径：58 cm（中国湖北省博物館）

殷時代の黄河流域は広大な森林と草原が80％を占めて、野生のアジア象や鹿が遊ぶ緑の大地であった。それが大量の青銅器と鉄器そして「やきもの」を生産するため、燃料として多量の木材が伐採された。これが3000年も続いて大森林は消滅した。現在では黄河流域の緑地は僅かに5％で、黄土高原は中国でも最も貧しい地域の一つである。砂漠化は北京郊外に迫っている。

統一国家・秦

　秦は鉄製の武器を駆使して天下を統一した。1974年に西安郊外で発掘された始皇帝の兵馬俑は等身大の兵士や兵馬の人形で、8000体も出土して世界を驚かせた。これらの俑は、頭、胴、手足を別々に成形して接合し1100℃以上の温度で還元焼成した黒色の無釉陶器で、その上に彩色が施してあった。

図 **3.3.3**　秦の始皇帝の兵馬俑

緑釉陶器と三彩陶器

　鉛釉の技術は前漢時代に発達した。「緑釉」は酸化銅を着色剤とする鉛釉で、800〜900℃の低温で焼付ける。こうして生まれた「緑釉陶器」が漢代の陵墓から明器（副葬品）として出土する（口絵 **3.3.2** 緑釉 壺）。

唐代の陵墓からは7-8世紀につくられた芸術性に優れた「唐三彩」の明器が大量に出土する。唐三彩は近年までその存在すら忘れ去られていたが、清の学者・羅振玉によって1905年に洛陽の近郊で再発見された（**口絵3.3.3** 唐三彩 女人倚像、**口絵3.3.4** 唐三彩 貼花文・壺）。

唐三彩は軟陶の上に、白色、緑色、褐色、藍色など、二色ないし四色の鉛釉をかけて焼いた陶器である。顔料としては、白は白土、緑は酸化銅、褐色は酸化鉄、藍色は酸化コバルトを用いた。

中国の宮殿や寺院の屋根には鉛釉を施した瑠璃瓦が使われている。北京の天壇の瓦は瑠璃色、紫禁城の瓦は黄色と決まっていて、それらの色は他の建造物には使えなかった。

灰釉陶器と鉄釉

窯の中で灰が「やきもの」に降り積ってできるのが「自然釉」である。中国で意識的につくられた最初の釉は「灰釉」で、草木灰を泥漿にして成形体に施して焼成する。灰釉陶器からやがて天目釉や青磁釉へと技術が進歩する。

釉の色調は釉に含まれている鉄分の量と焼成雰囲気によって大きく影響を受ける。8％以上の酸化鉄を含む釉を酸化炎で焼成すると、黒い鉄釉となる。2-8％の酸化鉄を含む釉を酸化炎で焼成すると、黄色から褐色の色調が得られる。

青磁

青磁は古くから越州窯などでつくられていた（**口絵3.3.5** 青磁 天鶏壺、**口絵3.3.6** 青磁 刻花牡丹文・多嘴壺）。

青磁は北宋（960-1126年）最後の文人皇帝徽宗の指導で開封の汝官窯で完成されたとされる。しかし僅か25年間の活動で北宋が滅亡したので、「雨過天青雲破処」とたたえられた作品は約60点しか残っていない（**口絵3.3.7** 青磁 盤）。汝官窯の青磁は瑪瑙の粉末を釉薬に混ぜてつくったと伝えられる。汝官窯は河南省・清涼寺村にあったことが判明した（1967年）。北宋時代の「やきもの」としては均窯や哥窯の作品も優れている。

都を杭州に移した南宋（1127-1279年）では経済が大いに発達した。南宋の青

磁窯としては、郊壇官窯や修内司官窯が有名である。
　南宋を滅ぼした元（1271-1368年）時代の「やきもの」としては、汝官窯の技術を伝承した民窯の龍泉窯の青磁が有名である（口絵3.3.8　青磁　茶碗）。日本に輸入された龍泉窯の製品は天龍寺青磁などと称して特に珍重された。

白　磁

　白さと透光性を重視する白磁は、純白の素地で形をつくり、無色の透明釉をかけて1300℃以上の高温で焼成してつくる。
　北宋時代の白磁としては定窯が有名である。南宋時代には景徳鎮窯で青白磁がつくられはじめ、元時代になると純白の白磁が量産されるようになった。これは景徳鎮窯の近くで膨大なカオリン鉱床が発見されたことと、戦乱が続いて工人達が北から移住してきたことに関係が深い（口絵3.3.9　白磁　劃花蓮花文・輪花鉢、口絵3.3.10　青白磁　獅子鈕蓋・水注）。

青　花

　透明釉の下に回青（日本でいう呉須）で描画して高温で焼成する青花（釉裏青、日本では染付という）の技法は元時代（14世紀前半）に景徳鎮で発明された。回青は天然の酸化コバルト顔料で、イスラム圏から輸入された（口絵3.3.11　青花　双龍文・扁壺、口絵3.3.12　青花　騎馬人物文・壺）。
　銅を使って薄紅色に発色させる釉裏紅も開発された（口絵3.3.13　釉裏紅　菊唐草文・瓶、口絵3.3.14　釉裏紅　芭蕉文・水注）。

祥　瑞

　祥瑞と呼んで茶人が特に珍重する茶器や懐石道具がある。祥瑞は極上質の原料を選んで丁寧につくられた青花磁器である。日本からの特別注文によって明末の崇禎年間（1628-44年）頃に景徳鎮の民窯で焼かれた（口絵3.3.15　祥瑞　砂金袋・水指）。
　鈞窯の紫紅釉も日本人が好きな「やきもの」の一つである（口絵3.3.16　紫紅釉　輪花花盆一対）。

薄胎瓷

「薄さは蟬の羽の如く、白さは白玉の如く」と賛えられる伝統的な景徳鎮薄胎瓷の製造技術は素晴らしい。高級な薄胎瓷は鋳込み成形ではなくて、練土の轆轤成形によってつくられている。薄胎瓷は明の萬暦年間に開発された（口絵3.3.17 電気スタンドに改造した薄胎瓷の花瓶）。

赤絵

赤絵は南宋時代からつくられていたが、明（1368-1644年）代に技術が完成の域に達した。赤絵は赤、黄、緑など多彩な絵具を使って磁器釉の上に描画して800℃位の温度で焼付ける技法である。金や銀なども焼付けることが可能となって、五彩、粉彩、法花、金襴などの装飾が流行した。永楽、宣徳、嘉靖、萬暦など、各時代につくられた官窯や民窯の優品がたくさん残っている（口絵3.3.18 黄地紅彩龍文・壺、口絵3.3.19 色絵・牡丹文・皿、口絵3.3.20 法花 宿禽図・大壺）。

明が滅亡して清の時代を迎えて、康熙、雍正、乾隆と時代が経過するにつれて技術は精緻を極めるようになった（口絵3.3.21 粉彩 梅樹文・盤）。

景徳鎮

現在の景徳鎮は人口140万人、世界最大の窯業都市である。国営工場が約100社、中小の私営企業が2500社もあるという。

ここでは、2000年前から「やきもの」がつくられていたが、宋の景徳元年（1004年）に景徳鎮となった。宋時代には「影青」と呼ばれる青白磁が開発された。元時代には青花磁器や釉裏紅が発明され、官窯が置かれて高級品が制作された。明時代には各種の上絵技術が発達した。大量の磁器が世界中に輸出されて、磁器はチャイナと呼ばれるほど有名になった。

景徳鎮の国営工場では、名人級の工人は個室と最良の原料を与えられて一子相伝で作品を制作している。

朝鮮の「やきもの」

　朝鮮半島には良質の陶土が産出し、中国と地続きであることから「やきもの」の技術も早くから進んでいた。

　高麗青磁の起源は 10 世紀末で、15 世紀に完成した。青磁釉の下に象嵌を施すことが多いこの「やきもの」は官窯でつくられていた。李朝になるとこの技術が失われてしまったが、第二次大戦後に復活した（**口絵 3.3.22** 青磁　竹鶴文・象嵌梅瓶）。

　朝鮮半島では白色が尊ばれる。官窯でつくられた李朝の白磁は 17 世紀に完成の域に達した（**口絵 3.3.23** 白磁　陽刻四君子文・角瓶）。

　赤絵の技法はこの国には根付かなかった。

　我が国で茶の湯が発達した安土桃山時代には、李朝の官窯ではなくて民窯でつくられた生活雑器がたくさん輸入され、高麗茶碗として茶人に珍重された。

　民芸品としての朝鮮陶磁を再評価したのは柳宗悦である。

3.4 日本の「やきもの」

須恵器の登場

　五世紀の中頃「須恵器」の技術が新羅や百済から伝えられた。日本書紀の雄略天皇紀には新漢陶部高貴が新しい「やきもの」を伝えたとある。延喜式ではこの「やきもの」を陶器と記載している。須恵器は轆轤を使って成形した均整のとれた器物を、傾斜地に築いた半地下式の「窖窯」で1000-1100℃に焼成してつくった。窖窯はやがて「登窯」へと進化した。須恵器は従来よりも高温の還元炎で燻焼きするため、よく焼結していて薄くて丈夫な硬質土器で、胎土の鉄分が還元されて素地は灰色である。大阪府堺市の陶邑窯では数百基の窯跡が発見されている。大和朝廷の勢力が拡大して、8-9世紀には全国各地に須恵器が普及した（口絵3.4.2　須恵器 長頸瓶）。須恵器は火にかけると割れやすいので、煮炊きの容器としては適していない。

奈良時代の「やきもの」

　「瓦」は蘇我氏の飛鳥寺に使われた（588年）のが最初である。瓦の製造技術は6世紀の用明帝の御代に百済から瓦博士が伝えた。奈良時代になると「登窯」が発達して、寺院や宮殿の屋根を覆う大量の瓦が製造できるようになった。

　図3.4.2は6-7世紀に中国浙江省でつくられて輸入された古越磁で、天平19年の「法隆寺伽藍縁起竝流記資財帳」に「佛分丁子香八十四両」と記載されているものにあたる。来歴が明らかな世界最古の伝世陶磁器として有名である。

　中国でも日本でも古代の硯はほとんどが陶硯であった。図3.4.3の硯は破損した須恵器の大甕の肩部の破片を利用してつくられていて、硯面以外には漆が塗ってある。天然石の硯は、中国では宋代から、日本では鎌倉時代から使われるようになった。

3.4 日本の「やきもの」　117

図 3.4.1 　左）斑鳩寺の軒瓦　　　右）平城宮朱雀門の軒瓦

　7世紀の後期には「緑釉陶」の技術が中国から伝えられた。緑釉は酸化鉛を主成分とする「鉛釉」で、800℃程度で焼付けする。

　8世紀になると「唐三彩」とその製造技術が伝来した。日本では早速これを模した「奈良三彩」がつくられて、明器ではなくて什器として宮中や寺院などで実用された（**口絵3.4.3** 三彩 磁鉢、**口絵3.4.4** 三彩 有蓋壺）。しかし平安時代になると三彩の製造技術は失われてしまった。

図 3.4.2 　青磁　四耳壺
隋-唐時代、6-7世紀、高さ：26.5 cm
（法隆寺献納宝物、東京国立博物館）

図 3.4.3 　陶硯　須恵器
8-9世紀、高さ：5.4 cm
（法隆寺献納宝物、東京国立博物館）

平安時代の「やきもの」

平安時代には越州窯の青磁を大量に輸入した。青磁の代用品として量産された「やきもの」が、緑釉陶による「青磁写し」である。それらは9-11世紀に京都周辺の窯で生産された（口絵3.4.5 緑釉 青瓷）。

図 3.4.4 猿投窯　灰釉長頸瓶
平安時代、高さ：30 cm（五島美術館）

図 3.4.5 猿投窯　灰釉多口瓶
奈良時代、高さ：21.5 cm
（重要文化財、愛知県陶磁資料館）

9世紀になると、須恵器を焼いていた愛知県の猿投窯で、分煙柱を備えた「窖窯」が工夫されて1200℃以上での高温焼成が実現した。この技術革新によって鉛釉を使わない「灰釉陶」が生産できるようになった。10世紀の猿投窯は灰釉陶による「青磁写し」をつくった代表的窯場で、これまでに千基以上の窯跡が発見されている。

中世の「やきもの」

鎌倉時代の「やきもの」は、瀬戸を中心としてつくられた「施釉陶」と、日本各地で誕生した「焼締陶」とに大別できる。

3.4 日本の「やきもの」　119

　12-13世紀には瀬戸窯が猿投窯の技術を発展的に継承した。そして木灰を使う「灰釉陶」の技術で、四耳壺や「梅瓶」と呼ばれる瓶子など、白磁や青磁の写しが量産された。

　瀬戸窯の陶祖とされている伝説的人物が藤四郎こと加藤四郎左衛門景正である。彼は遣宋使として中国に赴いた道元禅師に随行して、数年間修業して1228年に帰朝し、瀬戸で開窯したとされる。

　14世紀になると灰釉に鉄分を追加した黒褐色の釉が工夫されて、天目茶碗、茶入、茶壺などの新商品が開発された。

　「古瀬戸」と呼ばれるこれらの製品によって、瀬戸は国内唯一の施釉陶の生産地としての地位を確立した。

図 3.4.6　古瀬戸　四耳壺
鎌倉時代、高さ：22.2 cm
（MOA美術館）

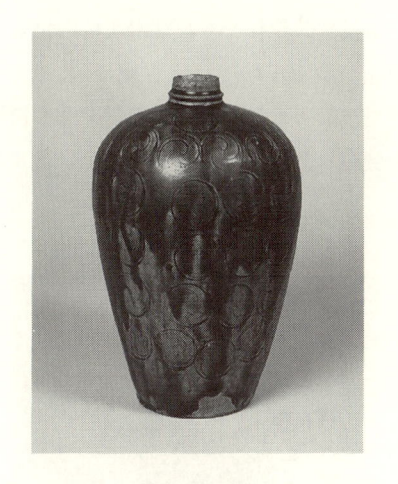

図 3.4.7　古瀬戸　鉄釉印花巴文・瓶子
鎌倉時代、高さ：26.7 cm
（愛知県陶磁資料館）

　焼締陶は日本各地で誕生した。焼締陶は成形した品物を素焼することなく高温の酸化炎で焼成して得られる炻器質の緻密な「やきもの」である。焼締陶は釉を用いないが、焼成中に生じる薪の灰が「やきもの」に自然に降って、緑がかった

図 3.4.8　四耳壺が描かれた絵巻物　鳥獣人物戯画、12世紀（国宝、高山寺）

「自然釉」が形成される。

　猿投窯の流れをくむ常滑窯は中世最大の焼締陶生産地で、甕や壺など実用的な製品がつくられた。12世紀には、常滑に近い渥美窯、福井県の越前窯、兵庫県の丹波窯、そして滋賀県の信楽窯も常滑窯の流れをくむ窯として発展して日用品を製造した。信楽の特徴は胎土に含まれている長石の粒が白く吹き出しているこ

図 3.4.9　常滑　三筋壺、平安時代
　　　　　高さ：26 cm（常滑市立陶芸研究所）

図 3.4.10　信楽　蹲壺
　　　　　室町時代、高さ：21 cm（富岡美術館）

とである。

岡山県の備前焼は緻密に焼結した赤褐色の炻器である。備前の原料は一旦海没したのち隆起した田圃で採掘される炭素分が多い真っ黒な土である。備前は須恵器の技術を母体として発展し擂鉢をはじめとする日用品を量産して、東の常滑と並ぶ産地となって関東から沖縄まで販路を拡大した。

茶陶の登場

瀬戸系の流れをくむ美濃窯では、天目、瀬戸黒、黄瀬戸、志野など、新しい感覚の「やきもの」を工夫して、茶道具と懐石道具に応用した。

瀬戸黒は天目釉を発展させた漆黒の釉で、焼成中の高温から一気に引き出して冷却するとできるので「引き出し黒」と呼ばれる（口絵 2. 3. 9 瀬戸 天目茶碗）。

黄瀬戸は釉が柔らかな黄色に発色して、表面に細かい孔があって薄く油を流したように見えるので「油気肌」とも呼ばれる（口絵 2. 3. 13 黄瀬戸 花入）。

志野は、鬼板という鉄分の多い土で紋様を描いたり、鬼板を一面に塗って部分的に線刻したり搔き落として、その上に志野釉を厚くかけて焼成する。志野釉は淡雪のように白く風化したナトリウム長石釉である。酸化炎で焼くと白い柚子肌に赤い鉄絵が滲んで、大胆な貫入があって落ち着いた美しさが現れる。鬼板をたっぷり塗って釘で紋様をつけ、釉を厚くかけて還元炎で焼くと鼠志野が得られる（口絵 2. 3. 11 志野 矢筈口水指、口絵 2. 3. 12 鼠志野 茶碗）。志野の窯跡を発掘して、志野釉を再現したのは荒川豊藏である。

千利休（1522-91 年）は彼の美意識を表現した「やきもの」を長次郎（1516-89 ? 年）につくらせた。その窯は聚楽第の近くにあったので聚楽焼、略して楽焼と呼ばれた（口絵 2. 3. 5 長次郎 黒楽・茶碗、口絵 2. 3. 6 長次郎 赤楽・茶碗）。聚楽第の土で焼いたので、太閤から「楽」の字を許されたとも伝えられる。利休はやがて太閤と鋭く対立してついに死を賜った。

楽家は二代目常慶、三代目道入（別名：のんこう）も名人で、千家と密接な関係を保って「楽焼御茶碗師」の系譜を今日まで受け継いでいる。

利休の後を継いだ茶人で武将の古田織部（1544-1615 年）は美濃系の窯を指導して、奇抜な造形デザインと銅を使った緑釉や鉄釉を基調とする派手で斬新な絵

柄を採用した「織部焼」をつくらせた。彼は大阪夏の陣で息子が豊臣方に通じたとして家康から自決を命じられた（口絵3.4.6 織部 四方手・鉢、口絵3.4.7 黒織部 沓形・茶碗）。

朝鮮系統の唐津窯は天正年間に活動が始まった。「連房式登窯」の技術を導入した唐津は良質の灰釉陶器の量産に成功した。茶陶についても、三島唐津、奥高麗、絵唐津など優れた作品をつくった（口絵3.4.8 絵唐津 柿文・三耳壺）。唐津窯は瀬戸・美濃に匹敵する西日本を代表する灰釉陶器の産地となった。

文禄・慶長の役で朝鮮の陶工が多数来日した。江戸時代の各藩は彼らを優遇して各地に窯がつくられて技術が向上した。九州地方では、唐津に加えて、薩摩窯、上野窯、高取窯などがそれである。

薩摩焼には「白薩摩、白もん」と「黒薩摩、黒もん」があって、白もんは藩窯、黒もんは民窯である。慶長の役で島津義弘に連行されて苗代川に開窯した沈家の辛苦と望郷の心情は、司馬遼太郎の小説「故郷忘じがたく候」に詳しい（口絵3.4.9 薩摩 染付鳳凰文・開口花瓶）。

伊賀窯は豪快な作為で、水指、花入、鉢、香合などの茶道具をつくった（口絵3.4.10 伊賀 耳付花生）。

萩窯も朝鮮から渡来した陶工によって開かれた。萩はおとなしい卵の殻のような肌をもち、細かくひび割れした貫入が特徴である。毛利輝元が朝鮮から連れ帰った李勺光、李敬の兄弟によって開窯された（口絵3.4.11 萩 伊羅保写し・茶碗）。

備前窯は「火襷」と呼ばれる窯変による装飾技法を考案して茶道具に応用した（口絵3.4.12 備前 火襷・水指）。

本阿弥光悦（1558-1637年）は、書画、漆芸、陶芸に優れ、書は寛永の三筆に数えられた。彼は江戸初期の美術の広い分野で指導的役割を果たした。晩年は家康から京都郊外に鷹ヶ峰の地を賜り、工人達を集めて芸術村を開いた。

色絵陶器の発達

野々村清右衛門は瀬戸で技術を学んで、京都御室の仁和寺の門前に窯を開いた（1644-48年頃）。仁清こと、仁和寺の清右衛門は轆轤の名手で、純和風の造形美

を確立して御室焼の指導者となった。彼は赤を基調とした豊かな釉彩を使う王朝趣味の華麗な上絵技法を開発した。彼の赤絵は、赤絵の発色、金泥の隈取り、「濃み筆」の運筆など、どれをとっても中国や伊万里の赤絵と共通点がない。仁清の赤絵は古九谷様式の赤絵とほぼ同じ時期にはじまった（口絵 2. 2. 10 仁清 色絵・藤花文・茶壺、口絵 2. 3. 15 仁清 色絵・山寺図・茶壺、口絵 2. 3. 16 仁清 色絵・若松遠山図・茶壺、扉絵 仁清 色絵・雉・香炉）。

仁清の跡を継いだ名工が尾形乾山（1663-1743年）である。彼は高級呉服商雁金屋の生まれで、兄は有名な絵師の光琳（1658-1714年）である。乾山は絵と書に工夫をこらして「やきもの」の新領域を開拓した。彼の「やきもの」は、画材の豊富さ、彩画の大胆さ、意匠の卓抜さに特徴がある。彼が得意とした技法は、白泥と染付、錆絵、金泥、銀泥などであった（口絵 2. 3. 17 乾山 色絵・十二ヶ月歌絵皿、口絵 3. 4. 13 乾山・光琳合作 呉須金銀彩松波文・蓋物）。

伊万里磁器の開発

「伊万里」という名前は有田の窯場でつくった磁器を伊万里港から出荷したことに由来している。

有田地区では窯跡の詳しい発掘調査が進んで、磁器が開発された過程が解明されつつある。その結果従来の定説がくつがえされた。唐津系の陶工は1600年頃から西有田で陶器を製作していた。帰化陶工の李参平が有田の泉山で陶石を発見したのが元和2年（1616年）とされる。陶石にはセリサイト（絹雲母）という粘土鉱物が含まれている。陶石を粉砕し水簸して粘土の多い部分を集めて坏土とする。陶石を原料として磁器をつくるのはこの地方ではじまった独自の技術である。

初期の磁器作品を「初期伊万里」と呼ぶ。その技術は未熟ではあったが、染付の技法も使っていた。初期伊万里の絵柄は中国の古染付によく似ている（口絵 3. 4. 14 初期伊万里 吹墨兎文様・中皿）。

景徳鎮磁器の輸出は、宋時代にはじまり、元時代、明時代とますます盛んになった。輸出先は、日本、東南アジア、インド、ペルシア、欧州と世界中に拡大した。17世紀初頭には、世界初の株式会社・オランダ東インド会社が東洋貿易を

独占して巨万の利益を手にした。しかし明末になると、戦乱と飢饉によって景徳鎮の磁器生産が停止した（1642-80 年）。

景徳鎮動乱期の間隙（かんげき）を埋（う）めたのが伊万里磁器である。この時期に中国から有田に磁器製造と色絵の技術移転が行われたことは確実である。有田磁器の品質は僅か数十年で見違えるほど向上した。正保時代（1644-47 年）になると「古九谷様式」の色絵磁器が生産できるようになった（口絵 3.4.15 古九谷様式 色絵・蝶（ちょう）牡丹文・大皿）。

「柿右衛門様式」の磁器は「古九谷様式」に代わる輸出用の新商品として寛文時代（1661-72 年）に開発された。柿右衛門手は濁手（にごしで）と呼ばれる乳白色の白磁に鮮やかな日本式の赤絵を施したのが特色である（口絵 3.4.16 柿右衛門様式 色絵・菊文・壺、口絵 3.4.17 柿右衛門様式 色絵・応龍（おうりょう）文・陶板）。

「金襴手伊万里」（きんらんで）は、染付白磁に金泥を含む絢爛豪華（けんらんごうか）な赤絵を施した輸出用磁器で、元禄時代（1688-1703 年）に開発された。

「伊万里」の輸出は万治 2 年（1659 年）から開始された。輸出された柿右衛門様式や金襴手の磁器、そして染付磁器は欧州の王侯貴族に熱狂的に歓迎された（口絵 2.1.4 金襴手伊万里 五艘図・鉢、口絵 3.4.18 染錦手 花弁文・砂金袋形・甕、口絵 3.4.19 染付 芙蓉手（ふよう）・VOC 字文・大皿）。

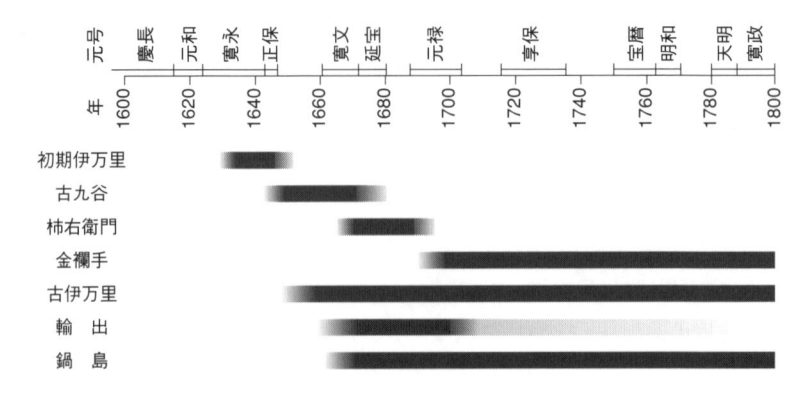

図 3.4.11 伊万里の変遷

伊万里磁器の輸出の最盛期はわずかに 30 年間であったが、輸出された伊万里の総数はオランダ東インド会社の公式記録で 190 万点、密輸も含めると 400 万点にも達したという。鍋島藩は技術の秘密を守るため取引を伊万里津に限定し、有田への立入りを厳しく取り締まった。

景徳鎮が落ち着きを取り戻して輸出を再開すると (1680 年頃)、「伊万里」は価格で景徳鎮に対抗できなかった。景徳鎮の輸出品の中には「中国伊万里」も含まれていた。伊万里の輸出は徐々に減って、国内での販売が増加した。

欧州で最初の磁器がマイセンで製造されたのは 1713 年のことである。欧州における初期の磁器窯では柿右衛門様式の模倣が盛んに行われた (口絵 3.2.17 柿右衛門写し 八角皿)。

鍋島藩は最高の技術者を集め、御用窯を築いて「鍋島」を制作した。鍋島は幕府その他への贈答の目的で製作された品物で、市販品ではない。赤、黄、緑と三色の上絵具で表現する高貴な図案と意匠を備えた鍋島の技術は元禄年間に頂点に達した (口絵 2.1.2 鍋島 色絵・大皿、口絵 3.4.20 鍋島 色絵・牡丹文・水注)。

江戸時代末期の「やきもの」

江戸後期には、磁器では伊万里が、陶器では京焼が指導的役割をはたした。奥田頴川 (1753-1811 年) は京焼に磁器を導入したことで知られる。門下には青木木米 (1767-1833 年)、仁阿弥道八 (1783-1804 年)、欽古堂亀祐 (1765-1837 年) らがいる。これに永楽保全 (1795-1854 年) も加わって、文人趣味の煎茶道具や抹茶道具の力作がつくられた (口絵 3.4.21 古清水 色絵・雪輪亀甲文・花器、口絵 3.4.22 奥田頴川 呉須赤絵写 四方隅切・平皿、口絵 3.4.23 青木木米 龍涛文・提重、口絵 3.4.24 仁阿弥道八 色絵・桜紅葉文・大鉢、口絵 3.4.25 永楽保全 金襴手・鉢)。

地方窯も活発になって全国的に作陶活動が展開されて独特の作風を競い合った。実用器を焼く窯も全国に展開された。たとえば、常滑窯の朱泥、万古窯の烏泥など多様な「やきもの」がつくられるようになった。

瀬戸の新製磁器

有田で技術を学んだ（盗んだ？）加藤民吉が瀬戸ではじめての磁器をつくったのが1807年のことである。瀬戸で新しくつくった磁器を「新製」、それに対して従来からつくっていた陶器を「本業」と呼んだ。新製の原料は粘土（蛙目粘土や木節粘土）と長石と珪石の混合物で、陶石だけを原料とする有田などの磁器とは違っている。

幕末になると日本各地で磁器が製造できるようになった。地方窯も活発になった。瀬戸を中心とした中京地区では「やきもの」の産業基盤が確立して、いわゆる「瀬戸物」が市場を席巻した。

近代工芸としての「やきもの」

明治維新を迎えて工芸としての「やきもの」も一新した。優れた陶工が明確に作家意識を打ち出して作者個人を主張する時代になった。

1890年代には、宮川香山（1842-1916年）、清風与平（1851-1914年）、錦光山宗兵衛（1868-1927年）、加藤友太郎（1851-1916年）らの名工が技を競い合った。学卒の陶芸家としては、板谷波山（1872-1963年）、沼田一雅（1873-1954年）、五代清水六兵衛（1875-1959年）、富本憲吉（1886-1963年）、河井寬次郎（1890-1966年）、石黒宗麿（1893-1968年）、荒川豊蔵（1894-1985年）、濱田庄司（1894-1978年）、三輪休和（1895-1981年）、中里無庵（1895-1985年）、金重陶陽（1896-1967年）、楠部弥弌（1897-1984年）などが活躍した（口絵 3. 4. 28 板谷波山 葆光彩磁・花瓶）。

旭　焼

旭焼はワグネルの創案になる芸術性豊かな純和風の陶器である。素焼した素地に色絵を施して、その上に透明釉をかけてつくる釉下彩陶器であることに特色がある。描画は狩野派の絵師が担当した。

ワグネルは明治16年頃からこの研究に着手して試験工場をつくり吾妻焼と命名したが、明治20年に設備を東京職工学校に移して旭焼と改称した。明治23年

には浅野総一郎の出資で旭焼製造所がつくられて、輸出用のストーブ飾りタイルなどを製造した。しかし経営難のため明治29年に工場は閉鎖された。

東京工業大学には3枚の額皿と鉢および一組の飾りタイルが保管されている（口絵 3.4.26 旭焼 雀絵・飾り皿、口絵 3.4.27 旭焼 葡萄栗鼠文様飾りタイル）。東京国立博物館には1枚の額皿が、京都国立博物館には数枚の額皿と花瓶および数組の飾りタイルが保管されている。

オールド・ノリタケ

洋式技術の消化には技術担当者の血のにじむような苦心と長い年月を必要とした。大倉孫兵衛・和親父子と森村市左衛門の功績も大きい。輸出用の洋食器の製造は明治30年頃から開始されたが、初期の製品の評判は散々であった。名古屋の則武町につくられた日本陶器合名会社の工場が直径八寸の洋皿を完成して、ディナーセットの製造を開始したのは実に20年後の大正3年である。世界に通用する洋食器を製造できたのは大正後期からである。森村組が輸出した初期の製品をオールド・ノリタケと呼ぶ。1880年代からの約30年間に輸出した多様な製品はコレクターの間で特に評判が高い。

ノベルティー

ノベルティー（novelty）は新案物という意味である。人形、置物、文具、灰皿などに名前を入れて、贈呈用や広告用として提供する種々雑多な製品をいう。洋食器と並んで盛んに輸出されたが、それらの中には芸術的にも優れたコレクター垂涎の品物がたくさん含まれている。

3.5 ガラス工芸と七宝

コアー・グラス

　ガラスは加熱して軟らかくなった状態で任意の形状に成形できる。また透明であるという点でも特異な材料である。

　ガラスは B.C. 4000 年頃のエジプトで発明されたといわれる。窓ガラスや瓶ガラスとして広く使われているソーダ石灰ガラスは、砂と炭酸ソーダと石灰石の混合物を加熱してつくる。これらの原料はエジプトで豊富に産出する。

　初期のガラス容器の作り方を説明する。まず、粘土で芯型をつくって乾燥し、熔けたガラスをその上にかぶせる。これを冷却した後、水に入れて粘土を搔き出してガラス容器をつくった。砂芯成形法（core-molding）でつくるコアー・グラスである。

図 **3.5.1** コアー・グラス
波状文・長頸瓶、B.C. 15 世紀
高さ：15.5 cm（大英博物館）

図 **3.5.2** トンボ玉、5 世紀
香川県カンス塚古墳出土
（東京国立博物館）

トンボ玉

　トンボ玉という愉快な名前をもつ複雑な紋様の宝飾硝子玉は、現在も世界各地でつくられている。トンボ玉という名称は江戸時代中期から使われていた。トンボ玉はエジプトやメソポタミアでは B. C. 3500 年頃から、中国では戦国時代（B. C. 300–500 年）からつくられてきた。日本では各地の古墳からたくさん出土している（**口絵 3. 5. 1** トンボ玉）。

吹きガラス

　ローマ帝国が誕生する少し前にシリアのガラス工房で「吹きガラス」の技法（手吹き、free-blowing）が発明された。この技術革新によって、ガラス器の生産速度は 200 倍に向上し、価格は 1/100 に下落した。

ローマ・グラス

　ローマ・グラス（Roman glass）は初代ローマ皇帝が即位した B. C. 27 年か

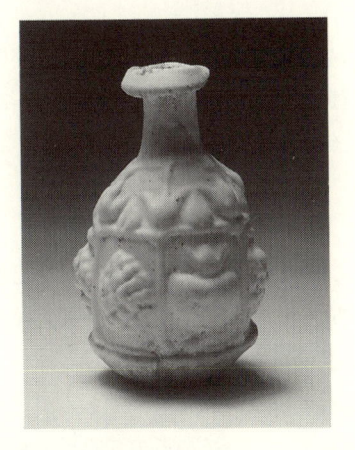

図 3. 5. 3　型吹きガラス
豊穣 果実文・小瓶、シリア、1–2 世紀
高さ：7. 8 cm
（岡山オリエント美術館）

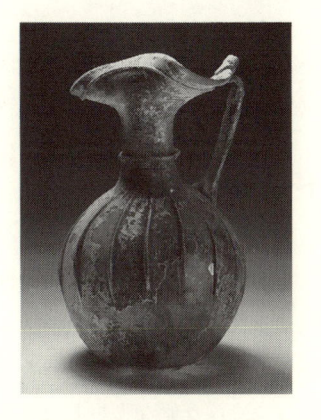

図 3. 5. 4　ローマ・グラス
縦稜文・水差、シリア、1–2 世紀
高さ：16. 7 cm
（岡山オリエント美術館）

ら東西に分裂したA.D. 395年までの間に帝国領内でつくられたガラス器をいう。ローマ・カメオ・グラスの名品も遺っている（口絵3.2.22 ポートランドの壺，口絵3.5.2 ローマ・カメオ・グラスのアンフォラ）。

ササン・グラス

ササン朝ペルシアでは大量のガラス器（Sassanids glass）がつくられて諸外国に輸出された。正倉院宝物にはササン朝ペルシアのカットグラスが含まれている。素材はアルカリ石灰ガラスである（口絵3.5.3 白瑠璃・碗，口絵3.5.4 円文カットグラス・碗）。

ヴェネチアン・グラス

イタリアのベニスは13世紀にイスラムのガラス工芸技術を導入して殖産興業を計った。口絵3.5.5はヴェネチアン・グラス（Venetian glass）の最盛期の作品である（口絵3.5.5 ヴェネチアン・グラス 蓋付きレースグラス）。

ボヘミアン・グラス

チェコ・スロバキアのボヘミア地方では14世紀頃からガラス工芸の技術が進歩した。口絵3.5.6はボヘミアン・グラス（Bohemian glass）の最盛期の作品である（口絵3.5.6 ボヘミアン・グラス 色被せカットグラス）。

カットグラス

ガラスはグラインダーやサンドブラスト法（砂かけ法）で任意の形状や絵柄をカットできる点でも優れている（口絵3.5.7 各務鑛三 花瓶）。無色透明なガラスに色ガラスを被せて、それをカットした工芸品は高価である。

カットして（cutting）つくったガラス製品はエッジがシャープであるが、プレス成形でつくる安価な型押しガラス製品は角が丸くなっているので容易に判別できる。

乾隆ガラス

　清朝の乾隆帝（在位：1735-95年）時代には鼻煙壺など独特のカットグラス器がつくられた。乾隆ガラスは伝統的な鉛ガラスではなくてソーダガラスである（口絵 3.5.8 乾隆ガラス 蓋付き壺）。

アール・ヌーヴォー

　アール・ヌーヴォー（art nouveau）は1870年代、フランスから興った新芸術運動である。ガラス工芸の分野ではエミール・ガレ（1846-1904年）やドーム兄弟が日本美術の影響を強く受けながら数々の作品を発表した（口絵 3.5.9 エミール・ガレ　蜻蛉文・香油瓶）。

パート・ド・ベール

　パート・ド・ベール（pâte de verre）と呼ばれる焼結ガラス工芸がある。これは色ガラスの破片や粒そして粉末を型に入れて、加熱して焼結させる。独特の軟らかい調子の作品をつくることができる（口絵 3.5.10 パート・ド・ベール 鉢）。

薩摩切子

　日本で最初のカットグラスである薩摩切子は、島津斉彬の磯御殿の工場でドイツ人技師を招いてつくられた。最盛期には100名の工人が働いていたといわれる。工場は薩英戦争で焼き払われて遺っていない（口絵 3.5.11 薩摩切子 鉢）。

ステンドグラス

　美しいステンドグラス（stained glass）は荘厳な教会の窓を飾るのにふさわしい。ステンドグラスは断面が「工」の字形の鉛の金具で色ガラスを接合してつくる。ステンドグラス用の板ガラスは現在でも完全な手づくり品である（口絵 3.5.12 ケルン大聖堂南側廊下のステンドグラス）。

ガラス工芸の素材

工芸用ガラスの素材としてはソーダ石灰ガラスとアルカリ鉛ガラスがある。ヴェネチアン・グラスやボヘミアン・グラスの素材はソーダ石灰ガラスである。

光の屈折率が大きい鉛ガラスは高級感があるので珍重される。鉛を25％以上含む鉛ガラスはずっしりと重く、「クリスタル・グラス」と呼ばれる。

ガラスの着色には、緑色は酸化銅、青色は酸化コバルト、黄色は重クロム酸カリや酸化アンチモン、茶色は酸化鉄、紫色は二酸化マンガンや酸化ニッケル、白色不透明なガラスには酸化錫や亜砒酸、赤色にはセレンなどが使われる。金赤と呼ばれて高級感がある赤色ガラスの正体は金のコロイドである。

琺　瑯

金属製品に釉を施した製品を琺瑯（enamel）という。最初の琺瑯はB.C.1500年頃、地中海のミケーネで発明されたという。エジプトのツタンカーメン王の黄金の仮面には青色の琺瑯が施されていた。6世紀頃の東ローマ帝国の首都・コンスタンチノープルでは有線琺瑯の技術が大いに発達した。

西域の技術が中国に伝わったのは隋の時代（580-618年）で、法郎とか琺瑯と訳された。中国では不透明釉を使う美術琺瑯を景泰藍というが、これは明の景泰年間（1450-56年）に技術が進歩して藍色が特に優れていたからである。景泰藍は世界市場を席巻したが、清末には経済が疲弊して輸出が激減した。

七　宝

琺瑯の技術が我が国に伝えられたのは飛鳥時代のことで、日本ではこれに七宝という文字を当てた。七宝という言葉は本来は佛教（仏教）用語で七つの宝という意味である。無量寿経では、金、銀、瑠璃、水晶、琥珀、赤真珠、瑪瑙を挙げている。正倉院御物には奈良時代に我が国でつくられた黄金瑠璃鈿背十二稜鏡が含まれている。

七宝の技術は平安、鎌倉、室町時代には低調であったが、桃山時代になると技術が進歩した。当時を代表する京都の御金具師、平田彦四郎道仁（1571-1646

3.5 ガラス工芸と七宝　133

図 **3.5.5**　黄金瑠璃鈿背十二稜鏡、直径：18.5 cm（正倉院御物）

年）の子孫は 12 代にわたって徳川幕府の七宝師を務めた。徳川初期の作品には東照宮の釘隠(くぎかくし)や襖(ふすま)の引手などの建築金物や刀の鍔(つば)が多い。加賀百万石を代表する工芸品見本である百工比照(ひしょう)には 286 個の七宝製品が含まれている。

　幕末には名工・梶常吉（1571-1646 年）が現れて技術が著しく向上した。彼は名古屋郊外の農村で技術指導して、これが現在の七宝町に発展した。ワグネルは透明釉について指導して大きく貢献した。明治 6 年のウィーン万国博覧会には彼が選定した花瓶が出品された。

　赤坂の迎賓館の壁には七宝の花鳥画が多数はめ込まれている。明治政府の発足とともに制定された勲章も七宝技術の向上に貢献した。現在では七宝は日本の代表的な工芸品の一つである（**口絵 3.5.13** 並河靖之　七宝・花瓶、**口絵 3.5.14** 七宝　文化勲章）。

七宝の技法

　七宝の技法には、有線七宝、無線七宝、省線七宝、省胎七宝、脱胎七宝などがある。

　七宝の素地としては銅が最も多く使われる。ブローチなど小型製品の素地としては、銅に 4-10 % の亜鉛を固溶した丹銅(たんどう)が賞用される。高級な宝飾品の素地に

は、18金や銀など貴金属の合金が使われる。

七宝用のフリットには無色透明釉、着色透明釉、半透明釉および不透明釉がある。フリットの原料は珪石、鉛丹、黄色酸化鉛、鉛白、カリ硝石、硼酸、硼砂、重炭酸ナトリウム、弗化物などを使用したカリ-鉛系のガラスが主流である。

着色剤としては、白色は酸化錫、緑色は酸化銅、青色は酸化コバルト、黄色は酸化アンチモン、紫色は二酸化マンガン、赤色は塩化金やセレン赤などを使用する。

実用琺瑯

鍋、薬缶（やかん）、浴槽（よくそう）、燃焼器具、醸造（じょうぞう）タンクなど、実用品としての琺瑯の歴史は18世紀末の欧州にはじまる。日本では明治時代に鉄の素地に釉を施した実用的な商品が量産されて、それらを琺瑯鉄器と呼ぶようになった。実用琺瑯の釉薬は不透明釉で、鉄板によく密着する下釉薬（したぐすり）と、製品に美しさを与える上釉薬（うわぐすり）とに分かれる。現在では、金、銀、銅などの素地に施した美術琺瑯を七宝と称して、実用琺瑯と区別している。

セラミックコーティング

釉薬、琺瑯、熔射、電着、蒸着、スパッタリングなど、いろいろな方法でつけた無機質の皮膜を総称してセラミックコーティングと呼んでいる。

4 天然セラミックス

4.1 岩石と鉱物
4.2 古代文明と石材
4.3 石材の種類
4.4 宝飾品

4.1 岩石と鉱物

「やきもの」と岩石の類似

　人間がつくる「やきもの」の成分や組織は天然の岩石のそれとよく似ている。表 4.1.1 を見てほしい。「やきもの」や岩石の組成は試料ごとにかなり変動するものではあるが、磁器と火成岩の間に相関性があることは確かである。この表から「地殻を削ってつくるやきもの」という意味を実感されるであろう。ほとんどの岩石は多結晶体である。この点でも岩石は「やきもの」の特徴と類似している。

表 4.1.1　磁器と火成岩の化学分析値の例（wt %）

	種類	SiO_2	Al_2O_3	Fe_2O_3	CaO	MgO	K_2O	Na_2O
磁器	有田磁器	76.95	18.30	0.78	0.49	0.32	0.78	2.54
	清水焼	73.66	20.01	0.68	0.63	0.13	1.83	2.98
	中国磁器	72.87	19.02	0.60	0.74	0.30	3.54	3.21
火成岩	花崗岩	73.37	15.24	0.28	1.81	0.28	3.54	3.15
	石英粗面岩	67.95	14.94	0.40	1.97	—	4.98	2.79
	石英斑岩	75.17	11.21	0.88	0.72	0.42	4.2	3.09

岩石は天然セラミックス

　表 1.5.1 の定義によれば岩石はセラミックスではない。しかし私は岩石は地殻の中で高温と高圧そして永遠の時間をかけて自然がつくりだした「天然セラミックス」であると定義する。このように考えれば、夜空に浮ぶ月も、太陽をめぐる無数の小惑星も、天然セラミックスの塊である。そしてヒマラヤの大山脈もコロラドの大峡谷も天然セラミックスが演出している風景である。

岩石の種類

地上に存在する岩石 (rocks) は多種多様で、細かく分類すると無数といってもよいほど種類が多い。全く同じ岩石はこの世の中に二つとは存在しない。それらの岩石は成因から、火成岩、堆積岩、そして変成岩に大別できる。それぞれの岩石は、ときには数百 km にも拡がって大地を形成している。地殻の 95 % 以上は火成岩と変成岩とで構成されているが、大陸地殻と海洋地殻の最上部には堆積物と堆積岩が多い。

表 4.1.2 成因による岩石の分類

種類	成因
火成岩	マグマが固化してできた岩石
堆積岩	地表の堆積物が地質学的な時間を経過して生じた岩石
変成岩	火成岩や堆積岩が別の環境に長期間置かれてできた岩石

岩石・鉱物

岩石・鉱物と一口にいうが、岩石と鉱物は意味が全く違う。岩石と鉱物をまとめて、石 (stone) と通称する。

岩石や鉱物の名前は難しい。日本語でも横文字でも、学名もあるし慣用名もある。明治以来の学者が横文字を和訳した名称には難しい漢字が使われている。努力しなければ憶えられない名前が多いが、歴史の重みがあるので止むを得ない。

岩石の定義

岩石は「一種類ないし数種類の鉱物からなる不均質な集合体」と定義されている。鉱物は岩石の構成単位である。岩石を構成している主要な鉱物は、石英、カリウム長石、斜長石、黒雲母、角閃石、輝石、橄欖石など十数種類の珪酸塩化合物である。

岩石を構成している鉱物の大きさや形状は千差万別である。例を挙げると、石

灰岩は炭酸カルシウム（$CaCO_3$）の鉱物であるカルサイト（calcite、方解石）の微結晶の集合体である。大理石は結晶がよく発達したカルサイトの集合体で、外観の優れた岩石をいう。もう一つ例を挙げると、花崗岩は白い粒子と灰色の粒子そして黒い粒子の集合体である。それぞれの粒子は、石英という鉱物の結晶、長石という鉱物の結晶、そして黒雲母という鉱物の結晶である。

鉱物の定義

鉱物（mineral）は「物理的・化学的に均質で一定の化学式をもつ結晶質の固体で、生物が関係することなく自然界で生成した無機物質」と定義されている。しかしこれには例外があるので厳密に考える必要はない。鉱物のほとんどは結晶（crystal）である。結晶の中では原子が三次元的に規則正しく並んでいる。結晶の大きさは、非常に細かいものから、大きく発達したものまでさまざまである。

国際鉱物命名委員会は 2500 種類以上の鉱物を認定している。そして毎年数十種類の新鉱物が発見されている。

地　殻

地球断面の構造は卵のそれに似ている。卵殻(らんかく)に相当する地殻（crust）の厚さは、大陸では平均 30 km、海洋では 5 km 程度に過ぎない。これは地球の半径 6371 km に比べると非常に薄い。

大陸地殻は、下部は玄武岩(げんぶがん)（basalt）質の岩石からなり、上部は主に花崗岩(かこうがん)（granite）質の岩石でできている。海洋地殻は玄武岩質で、花崗岩質の岩石は存在しない。

地殻を構成している主な元素は、酸素、珪素、マグネシウム、鉄、アルミニウム、カルシウム、ナトリウム、カリウムの合計八元素で、これだけで地殻の重量の 98.5 % を占めている。

マグマ

地殻の下にはマントル（mantle、外套部(がいとうぶ)）が存在する。マントルを構成する主な元素は、酸素、珪素、マグネシウム、鉄の四つで、地殻に比べてマグネシウム

が多い。

上部マントルの主成分は橄欖岩(かんらん)(olivine)質で、それを構成している主な構成鉱物はマグネシウム橄欖石(forsterite, $Mg_2Al_2Si_3O_4$)、マグネシウム輝石(enstatite, $MgSiO_3$)および柘榴石(ざくろ)(garnet, $Mg_3Si_3O_{12}$)である。

上部マントルで、地殻変動などの原因で岩石が部分的に熔融すると玄武岩質のマグマ(magma)ができる。このマグマが上昇して地表近くにマグマ溜(たま)りをつくる。このマグマ溜りが冷えるときに、いろいろな鉱物をつぎつぎに析出してマグマの組成が変化する。これを結晶分化作用という。

火 成 岩

マグマが固化してできた岩石を火成岩(igneous rocks)という。多種多様な火成岩の分類を表 4.1.3 に示す。

火成岩は、火山岩(火山活動でマグマが急激に地表に噴出して固化した岩石)、深成岩(マグマが地殻の深部でゆっくり時間をかけて固まった岩石)、半深成岩(それらの中間の岩石)に分類できる。急激に固化した火山岩は結晶の粒度が細かく、ゆっくり固まった深成岩の粒度は粗である。マグマが特に急冷されるとガラス質の岩石ができる。

表 4.1.3 火成岩の分類

分 類	塩基性岩	中性岩	酸性岩
火山岩	玄武岩	安山岩	流紋岩
半深成岩	輝緑岩	玢岩(ひん)	石英斑岩(はんがん)
深成岩	斑糲岩(はんれい)	閃緑岩(せんりょく)	花崗岩
SiO_2 含有量	≒50 %	≒60 %	≒70 %
有色鉱物	≒50 %	≒30 %	≦10 %

火山岩には、玄武岩、安山岩、流紋岩などが、半深成岩には、輝緑岩、玢岩(ひん)、石英斑岩(はんがん)などが、深成岩には、橄欖岩、斑糲岩(はんれい)、閃緑岩(せんりょく)、花崗岩などがある。

火成岩はシリカ(SiO_2)の含有量によって、塩基性岩、中性岩、酸性岩に分類

される。岩石の色調は、シリカ含有量が少ない岩石ほど黒く、シリカ含有量が多い岩石は白い。岩石の密度は、シリカ含有量が少ない岩石は大きく、含有量が多い岩石は小さい。

堆積作用

堆積作用には、岩石が細粒となる過程（風化作用、weathering）、これが水や風によって移動する過程（運搬作用、transportation）、そして続成作用（diagenesis）の三段階がある。

地表の岩石は地殻変動と風化作用の影響を長い年月にわたって受ける。岩石は気温の変化とともに膨張と収縮を繰り返してひび割れが生じる。そこに水が侵入して凍結すると、体積が約10％増加してその膨張圧力は $150\,\mathrm{ton/cm^2}$ にも達する。そのため、大きな岩石に亀裂が生じ、岩塊は洪水で流されて破砕され、小石や砂粒は風などの外力を受けて次第に小さくなる。

水による化学的風化作用も著しい。たとえば、花崗岩中の長石は CO_2 ガスを溶かした微酸性の水によって徐々にアルカリ成分が溶出して、後にカオリンが残る。花崗岩中の黒雲母は水に溶けている酸素によって酸化されてコロイド状の酸化鉄に変わる。花崗岩中の石英は白い砂粒として最後まで残るから、花崗岩地域には白砂青松の海岸風景が生まれる。火山や温泉の近くでは硫黄化合物による化学的風化作用も著しい。

風化作用に対する抵抗力は鉱物の種類によって違いがある。花崗岩が風化すると「砂婆」と呼ばれる砂分が多い土ができるが、よく見ると半透明の石英は硬い砂粒として残っていて長石と黒雲母はぼろぼろに崩れているのが分かる。一般にマグマが冷えて火成岩ができるときに、はじめに結晶化する鉱物ほど不安定である。火山ガラスや火山灰はもっとも風化しやすい。石英は最後に析出する鉱物で風化に対する抵抗力は最大である。

地表には無数の生物種が生息している。植物は岩石の割れ目に潜り込んで根を張って生長する。草食動物が植物を食べて成育し、肉食動物が草食動物を餌として弱肉強食と世代交代を繰り返している。落ち葉が風化した岩石の上に降り積もって腐植が生じる。微小動物や微生物が動植物の遺体を栄養源として繁栄してい

る。こうして永遠の時間が経過して土壌（soil）ができる。

堆積岩

堆積岩（sedimentary rocks）は、火山噴出物、岩石の破片、土砂、生物の遺骸などの堆積物が、地質学的な時間を経過して生じた岩石である。地上や水中に堆積した物体の間には隙間や水分があるが、堆積物が厚くなると重力によってそれらが搾り出されて押し固められる。そして永遠の時間が経過してついには岩石となる。

万葉人は「君が代は千代に八千代にさざれ石の巌となりて苔のむすまで」と歌った。これは堆積岩については正しかったといえる。

鹿児島の霧島神宮には岐阜県揖斐郡春日村産の「さざれ石」が奉納されている。この石灰質角礫岩は、石灰岩が炭酸ガスを含む雨水に溶解されて地下に流れ、それが結晶化する際に小石を結合してできた岩石である（口絵 4.1.1 霧島神宮に奉納されたさざれ石）。

堆積層が厚くなると温度と圧力が増大する。地下深くでは、圧力は数千 atm、温度は数百℃にもなる。これによる影響を続成作用と呼ぶ。粘土が続成作用を受けると、混合層鉱物という複雑な粘土鉱物に変化する。

堆積岩は、砕屑岩、火山砕屑岩、生物岩そして化学岩に大別される。

砕屑岩には、礫岩、砂岩、泥岩、頁岩、粘板岩などがある。砂岩は石英や長石の粗粒子からなる堆積岩で、粘土鉱物などの微粒子がそれらを結合している。

生物岩は生物の遺骸が堆積してできた岩石で、珊瑚石灰岩、紡錘虫石灰岩、放散虫チャート、珪藻土、化石などに分かれる。

化学岩は化学的風化作用を受けてできた岩石である。石灰石、苦灰岩（ドロマ

表 **4.1.4** 堆積岩の種類

分類	堆積岩の例
砕屑岩	礫岩、砂岩、泥岩、頁岩、粘板岩
火山砕屑岩	凝灰岩、凝灰角礫岩、緑色凝灰岩、集塊岩
生物岩	珊瑚石灰岩、紡錘虫石灰岩、放散虫チャート、珪藻土、化石
化学岩	石灰石、苦灰岩、チャート、岩塩、石膏

イト)、チャート、岩塩、石膏などがある。

変成岩

　地殻にはさまざまな変動が起こる。変成作用は続成作用よりも激しい作用である。変成岩（metamorphic rocks）は、火成岩や堆積岩がそれらが生じた圧力・温度条件と違う環境に長期間置かれたときに生成する岩石である。変成岩の造岩鉱物は多種多様で、それらの多くは固溶体である。

　変成作用の条件は、圧力は 100-15000 atm、温度は 100-900 °C とさまざまである。変成作用には広域変成作用と接触変成作用とがある。

　広域変成作用は、激しい褶曲や大きな断層を伴う造山活動が活発になると、地殻に高圧・高温の場所ができてこの作用が起こる。その温度は 100-800 °C で、圧力は場所によってさまざまである。広域変成作用は温度と圧力の違いで、生成する鉱物の種類と組み合わせが変わる。広域変成作用はときには数百 km もの広範囲で起きる。主要な堆積物とそれらから生じる堆積岩と広域変成岩を表 4.1.5 に示す。

　結晶片岩（片岩）は低温・高圧型の広域変成岩で、片理がよく発達していて板状に剝れやすい。海洋プレートが大陸プレートに沈み込むところでは、海洋底の玄武岩や堆積岩が冷たいまま引き込まれて結晶片岩をつくる。

表 **4.1.5**　主要な堆積物とそれらから生じる堆積岩と広域変成岩

堆 積 物	堆 積 岩	広域変成岩
粘土、シルト	→ 泥岩、頁岩、粘板岩	→ 千枚岩、雲母片岩、片麻岩
砂	→ 砂岩	→ 石英片岩、片麻岩
礫	→ 礫岩	→ 含礫片岩
火山噴火物	→ 凝灰岩	→ 緑色片岩
珪石質生物遺体	→ チャート、フリント	→ 石英片岩
石灰質生物遺体	→ 石灰岩	→ 大理石

粘　土

　地表に堆積した土砂はいろいろな大きさの粒子で構成されている。それらは岩石が砕けてできた粒子と風化作用で生じた鉱物の粒子である。国際土壌学会の分類では、直径が 2 mm よりも大きい粒子を礫、以下一桁小さくなるごとに、粗砂、細砂、シルト (silt、沈泥、微砂)、そして 2 μm 以下の最も細かい粒子を粘土と呼んでいる。

　石灰岩、チャート、石炭、角閃石、粘土鉱物、雲母などは、水の惑星である地球に特有な岩石鉱物である。月や火星などの惑星には存在しない。

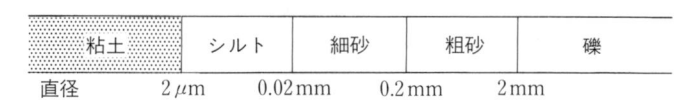

粘土	シルト	細砂	粗砂	礫
直径　　2 μm	0.02 mm	0.2 mm	2 mm	

図 **4.1.1**　粒径による土砂の区分

4.2　古代文明と石材

旧石器時代

　石を加工してつくった道具を石器（stone implement）と呼ぶ。250万年前、エチオピアで生活していた猿人のホモ・ハビリスが丸い石の一端を打ち欠いて最初の原始的な石器「礫器(れっき)」をつくった。これによって動物の堅い皮や肉を切り裂く作業が容易になった。石器時代（the Stone Age）が始まったのである。

　それから長い年月が経過した。今から60万年前頃、緻密な石材や天然のガラスを薄く打ち欠いて剝離(はくり)石器をつくる技法が発明された。これによって、矢の尖端につける「石鏃(ぞく)」や、槍の穂先に用いる「石槍(そう)」など、鋭い刃をもつ精巧な「打製(だせい)石器」が大量生産できるようになった。

　この技術革新によって旧石器時代（the Paleolithic Age）が始まった。弓矢や槍など狩猟用の武器と、動物の解体ナイフを装備した人類（原人）は、マンモスをはじめとする大型動物の狩猟が可能になった。

　人類は旧石器時代に火を使う技術を習得した。焚火を継続することや、消し炭を利用する技術を理解し、珪石で硫化鉄鉱を打つと火花を発することも発見したのである。

新石器時代

　今から30000-13000年前の後期旧石器時代は最終氷河期のピークで、現世人類の先祖である新人の活動が世界中に拡がった。何回かの氷河時代をへて今から13000年前頃に、地球が温暖化して北半球を覆(おお)っていた氷河が後退して海面が上昇した。

　北アメリカでは氷河が融けて大洪水が起こり、海洋の深層海流の流れが変わって各地の気候が激変した。地上の植物相が変化して、狩猟対象の鹿やマンモスなどが減った。その結果、世界の各地で牧畜と農業が行われるようになった。人々

の住まいは洞窟から平地の竪穴式住居へと移った。

　欧州では打製石器や火打ち石などのほとんどがフリント（燧石、flint）でつくられた。チャート（chert）は緻密な極微晶石英の堆積岩で、その破面は貝殻状で鋭い。チャートは不純物によって色が変化する。灰色のチャートをフリントと呼ぶ。

　日本列島でも新石器時代の遺跡がたくさん発見されている。打製石器の材料として日本列島では黒曜石（obsidian）、サヌカイト（讃岐岩、sanukite）そして頁岩（shale）がよく使われた。これらの岩石は硬くて、打撃を加えると割れやすく、破面が貝殻状である点が共通している。黒曜石は黒光りする火山ガラスである。日本各地で産出するが、長野県霧ヶ峰・和田峠の黒曜石が有名である。サヌカイトは黒色の緻密な無斑晶質輝石安山岩で、瀬戸内海沿岸から奈良地方にかけて産出する。

　やがて砥石を使って精巧な「磨製石器」がつくられるようになった。新石器時代（the Neolithic Age）のはじまりである。磨製石器には、切断用のナイフ、掻き取る作業に使うスクレーパー（scraper）、石槍、石斧、石鏃、石臼などいろいろある。

　磨製石器の素材としては、軟玉（nephrite）、蛇紋岩、緑泥片岩など、硬くなくても粘りがある原石が選ばれた。

エジプト文明と石材

　古代エジプトではナイル河の恩恵で農業と天文学が発達し、数千年にわたって王朝の興亡が繰り返された。彼らは80基を超えるピラミッドを建設した。カイロ郊外のギゼーには三つの大ピラミッドが遺されている。B. C. 2550年頃に建造された第四王朝のクフ王の大ピラミッドは、高さが146 m、底辺の長さが230 mもある。このピラミッドは、重さが約2.5 tonの石灰岩を、230万個、210層に積み上げてつくった。ピラミッドの表面はナイル河の対岸トウラで切り出した良質の大理石で覆って美しく磨き上げた。表面の大理石は後に盗まれて現在は残っていない。

　当時のエジプトには鉄器がなかったし、錫が産出しないので青銅器もつくられ

ていなかった。ピラミッドの石材は銅の道具とドレライトと呼ばれる非常に硬い石の球を叩きつける方法で切り出していた。

硬い花崗岩を加工した製品はファラオの石棺など重要な品物に限られていた(**口絵 4.2.1** 角閃石・容器、**口絵 4.2.2** ラムセス 2 世のスフィンクス)。

図 4.2.1 エジプト・ギゼーの大ピラミッド

古代ギリシア・ローマ文明と石材

地震がほとんどない欧州では石の文明が発達した。荘厳な大教会や華麗な建造物が各都市のシンボルになっている。

西欧文明の基礎を築いた古代ギリシアの大地は大理石の岩盤の上にある。ギリシアでは B.C. 600 年頃から大理石で美しい神殿を築いて精巧な彫像を飾った(**口絵 4.2.3** ミロのヴィーナス)。

ギリシア文明を継承したローマ帝国では大規模な土木・建築工事が行われた。それらの遺跡は現在も各地に遺っている。ローマでは公共建築はもちろん個人の住宅にも大量の大理石が使われた(**口絵 4.2.4** 初代ローマ皇帝・アウグストス像)。

当時の地中海沿岸諸国では、建物の壁や道路を色石のモザイクで飾ることが流行した(**口絵 4.2.5** モザイク壁絵)。

図 4.2.2　古代ギリシアの神殿

図 4.2.3　フランス・ニームのガール水道橋、ローマ時代、B.C. I 世紀末

中国文明と石材

　陝西省・西安には、漢字の国・中国ならではの博物館「碑林」がある。そこには、経典をはじめとして書聖・王羲之や顔真卿の書などを刻んだ石碑が林のように並んでいて壮観である。
　中国では、隋から唐の時代に仏教が厚く信奉されてたくさんの仏像がつくられ

た（口絵 4.2.6 菩薩立像の上半身）。

　河南省・洛陽郊外の龍門には川に南面した岩壁を削ってつくられた石像の大仏がそびえている。大仏を仰いで帰国した遣唐使の報告を受けた聖武天皇はこれに劣らない大仏の建立を決意された。奈良東大寺の大仏がそれで、大陸にも前例がない金銅仏を国力と技術の粋を結集して建造した。

図 4.2.4　洛陽郊外の龍門にある奉先寺の大仏
　　　　　　奉先寺の石仏は 675 年、東大寺の大仏は 752 年につくられた

石　臼

　一万年前にはじまった粉食には石臼が重要な役割を果たした。臼は、衝撃破砕作用を利用する搗臼（図 1.3.3 景徳鎮近郊における製粉作業）と、磨砕作用を利用する磨臼の系統に分かれる。

　古代エジプトでは鞍の形をしたサドルカーンと呼ばれる原始的な磨臼が使われた（口絵 4.2.7 粉を碾く女召使いの像）。磨臼の進歩したものが回転式の碾臼である。パンや饂飩を常食とする国では大型の碾臼が発達した。碾臼の構造や溝の形状は世界中ほとんど同じである。現在市販されている抹茶はすべて電動式の石臼で碾いている。エッジランナー（edge runner）も碾臼の一種で、回転と滑りを伴う独特の運動を行う。窯業原料の粉砕・混合や黒色火薬の製造に使われた。

図 4.2.5　左) 畜力を使う碾臼（天工開物）
　　　　　右) 歯車で駆動する初期のエッジランナー

砥　石

　新石器時代には磨製石器がつくられたが、それには天然の砥石と砥粒が使われた。翡翠（ひすい）や瑪瑙（めのう）などの宝飾品をつくるには、天然に産出する珪砂（シリカ、SiO_2）、金剛砂（ざくろ石、garnet）、鋼玉（こうぎょく）（Al_2O_3, corundum）などが使われた。

　金属器の時代を迎えると砥石はさらに重要となった。砥沢、砥山、砥部といった地名は、かっては砥石の生産地であったことを示している。現在でも、鉋（かんな）や鑿（のみ）、日本刀や包丁などを扱う専門職は、高価な天然砥石を使っている。刃物の目立てに用いる荒砥には大村砥（砂岩）、中砥には天草砥（流紋岩質の変成岩）、合せ砥（仕上げ砥）には鳴滝砥（粘板岩）などが使われた。

4.3 石材の種類

石材の利用

　岩石は古代から現在に至るまで、土木・建築、記念碑、墓石、彫像、宝飾品などの素材として広く使われてきた。

　人類は現在でも大きなセラミックスをつくる技術をもっていない。たとえば記念碑や建物の外装に使う花崗岩をつくることができないし、彫刻や建物の内装に使う大理石を合成することもできない。

　岩石は価格が極めて安いことも魅力である。たとえばコンクリートの骨材に使う砂利や砂は1 tonが2000-3000円程度である。1998年には3842億円（重量にして1-2億ton）もの砕石が使われた。

　天然セラミックスが活躍する分野は今後も失われることはない。

コンクリート　｜水｜セメント｜　　砂　　｜　砂利　｜

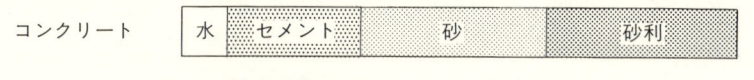

図 4.3.1　コンクリートの組成

石材に要求される性質

　天然の石材は建築材料として現在も将来も重要である。花崗岩は外装材として、大理石は内装材や外装材そして彫像の素材としてが最高である。我が国は良質の花崗岩と大理石を大量に輸入している。石材の年間需用は数千億円であるが、輸入材が半分以上を占めている。

　建築用石材に求められる性質は、外観の美しさ、強度、耐候性、耐熱性、加工性、価格などである。磨いた石材の表面は年月とともに劣化する。石材の耐久性は材質によって差があるが、数百年の使用に耐える。

日本列島の火山の多くは安山岩質である。安山岩は磨いても美しくないので高級石材ではないが、石垣などに広く使われてきた。安山岩の砕石は、コンクリートの骨材、舗装道路、鉄道の路床などに大量に使われている。コンクリートの70-75％は骨材（砂利と砂）である。

代表的な石材

我が国で産出する代表的な石材を表 4.3.1 に示す。現在では、本御影、万成石、庵治石などはほとんど採掘ができないから非常に高価である。

表 **4.3.1** 日本産の主要な石材と用途

石　材	岩石名	産　地	用　途
本御影（ほんみかげ）	花崗岩	神戸市御影	外壁装飾、灯籠、景石
稲田石（いなだいし）	花崗岩	茨城県稲田	外壁装飾、石碑、飛石
鞍馬石（くらまいし）	花崗岩	京都市鞍馬	景石、飛石、石垣
万成石（まんなりいし）	花崗岩	岡山市万成	外壁装飾、石碑
庵治石（あじいし）	花崗岩	香川県庵治	外壁装飾、灯籠、景石
寒水石（かんすいせき）	大理石	茨城県久慈・多賀	装飾、配電盤、工芸
赤坂石（あかさかいし）	大理石	岐阜県赤坂	装飾、配電盤、工芸
鉄平石（てっぺいせき）	安山岩	長野県諏訪市	板石、敷石
白丁場（しろちょうば）	安山岩	神奈川県湯河原	石碑、飛石、景石
根府川石（ねぶかわいし）	安山岩	神奈川県根府川	石碑、飛石、板石
抗火石（こうかせき）	流紋岩	伊豆新島	建築、景石、耐熱材
大谷石（おおやいし）	凝灰岩	宇都宮市大谷	建築、石碑、石垣
和泉石（いずみいし）	砂岩	大阪府和泉	石垣、敷石
那智黒（なちぐろ）	粘板岩	和歌山県那智	碁石、工芸、景砂利
伊予青石（いよあおいし）	緑泥片岩	愛媛県西部	景石、飛石
秩父青石（ちちぶあおいし）	緑泥片岩	埼玉県秩父	景石、石碑、飛石
鳩糞石（はとくそいし）	蛇灰岩	埼玉県秩父	装飾

御影石

　御影石は石質が緻密で磨くと美しい光沢がでる耐久性に富む多様な石材である。国会議事堂や日本銀行本店など、建造物の外装や墓石などに広く使われている。御影石という名前は神戸・六甲山の麓の御影地方で産出する花崗岩の石材名であったが、現在では外観がそれに近い石材の総称である。すなわち、各地で産出する花崗岩、閃緑岩、斑糲岩など、粗粒の結晶が集まってできた完晶質と呼ばれる深成岩のすべてを含む石材を総称して御影石と呼んでいる。

　花崗岩は、白い部分が石英、灰色の粒子が長石、黒い粒子は黒雲母で、構成鉱物の粒径、量比、色調などの違いによって外観が決まる。

　御影石はその外観から、白御影、桜御影、赤御影、黒御影などに分類される。白御影と桜御影は日本の各地に産出する。稲田石や鞍馬石は白御影、本御影や万成石は桜色の桜御影である。

　赤御影と黒御影はすべて輸入材である。赤御影は多量の酸化鉄を含む赤色の花崗岩である。南北アメリカ大陸、北欧、インドなど大陸の盾状地と呼ばれる古い

図 **4.3.2**　稲田石の採掘現場、茨城県笠間市稲田

地質時代（先カンブリア紀）の地域で産出する。黒御影は有色鉱物を多く含む閃緑岩や斑糲岩で、やはり古い大陸で産出する。

国会議事堂の外壁には茨城県稲田産の白御影（稲田石）が使われた。東京都庁舎の外壁には石張りのプレキャスト・コンクリートパネル（PCパネル）が使われた。石材は輸入した花崗岩で、淡色のスウェーデン産ロイヤルマホガニーと、濃色のスペイン産ホワイトパールである。

花崗岩は火災に弱いのが一番の欠点で、600℃に加熱されると破損する。これは石英が573℃で急膨張するためである。

花崗岩は大陸地殻の表面に広く分布しているが、その成因については18世紀以来いろいろな説が提出されて論争が絶えない。現在では複数の成因で花崗岩ができるという考え方が有力である。瀬戸内海の沿岸には花崗岩質の岩石が多い。

大 理 石

石灰岩（limestone）は炭酸カルシウムを主成分とする堆積岩である。炭酸カルシウムには二つの多形がある。方解石（カルサイト、calcite）と霰石（アラゴナイト、aragonite）である。石灰岩は石灰質の殻をもつ動物の遺体の集積や化学的沈殿によって海中で生成し、堆積物が移動して二次的に堆積した岩石が多い。石灰岩は日本でも豊富に産出するが、外観が美しくないのでセメントの原料などに使われる。

炭酸カルシウムを主成分とする装飾用の石材を大理石（marble）と呼ぶ。石灰岩が地下で接触変成作用を受けるとカルサイトの結晶が大きく成長して結晶質石灰岩すなわち大理石となる。この名前は中国雲南省大理府からこの石材が産出することに由来する。英語のmarbleは光の中で輝く石という意味のギリシア語に由来する。珊瑚（coral）も炭酸カルシウムである。

大理石は外装材としては耐火性は花崗岩よりも優れている。しかし酸性雨に弱いのが欠点である。磨くと美しい大理石は、厚さ2cm程度の板材として建物の内装に使われる。イタリア、ギリシア、台湾、フィリピン、アメリカなどからの輸入材がほとんどを占める。

模様がある大理石も珍重される。アンモナイトなどいろいろな化石を含む大理

石も需用が多い。更紗(さらさ)と呼ばれて評価される網目模様の礫岩状大理石は、淡褐色の石灰岩角礫が濃赤褐色の基質で取り巻かれている。これは変成作用の過程で酸化鉄が石灰質の礫岩に滲(し)み込んで着色したと考えられる。縞目(しまめ)の美しいオニックス・マーブル（onyx marble、縞大理石(しまだいりせき)）はテーブルや花瓶などの工芸品に使われる。

　タージ・マハールはインド中部のアグラに輝くムガール帝国繁栄の残像である。皇帝シャー・ジャハーンが王妃ムムターズ・マハルの死を悼(いた)んで22年の歳月をかけて建造した（1632年）。白大理石の建物には無数の透かし彫りを施して貴石をはめ込んである。

図 **4.3.3**　タージ・マハールと王妃マハルの像

　彫刻用の素材としては、石質が緻密で、硬さが適当（モース硬度3）で、精密加工しやすく、研磨すると美しい光沢面を与える大理石が適している。高級な大理石は直径 0.3~2 mm 程度の方解石の結晶が絡(から)み合って、ある程度光を透過させて劈開面(へきかいめん)で反射を繰り返す。これによって彫像は人肌のような軟らかさと温かみを感じさせる。ミロのヴィーナスやミケランジェロのダビデ像に代表される美術彫刻の分野では大理石は理想的な素材である。北イタリア・カラーラ産の白大理石は品位が最高と評価が高い。

　中国庭園の庭石には独特な形状の太湖石(たいこせき)が使われる。これは北宋最後の皇帝・

徽宗が蘇州の太湖から大量の奇石・怪石を都の開封に運んで大庭園を建造したことに由来している。太湖石は海岸に露出した石灰岩が波に洗われて不規則な形状に侵食されてできた岩石である。

図 **4.3.4** 太湖石に囲まれた蘇州・留園の濠濮亭

安 山 岩

　安山岩（andesite）は石質が硬く耐久性と耐熱性に富むが、磨いても美しくならないので高級な石材ではない。しかし豊富に入手できるから昔から墓石や石垣に使われてきた。近年はコンクリート用の砕石として土木工事に大量に用いられる。

　安山岩の多くは、石基と呼ばれる微細結晶の集合あるいはガラスの中に、斑晶と呼ばれる粗粒の結晶が点々と散らばった組織をもっている。安山岩は、灰色の石基、白い斑晶鉱物、黒い斑晶鉱物からできているのが普通である。含まれる斑晶鉱物の種類で、輝石安山岩、黒雲母・角閃石安山岩などと区別される。

　長野県霧ヶ峰の南西山腹に産出する輝石安山岩は、板状節理がよく発達しているので板状に剝がして採掘される。鉄のように堅固で平らな石ということで鉄平石と呼ばれる。コンクリートの張付け石、門塀の積み石、敷石、庭園の飛石など

に使われる。神奈川県の根府川石や白丁場も輝石安山岩である。

玄武岩

　青龍・白虎・朱雀・玄武は、古代中国人が信奉した天上の四神である。それぞれは東方・西方・南方・北方を司ると考えられていた。玄武の色は黒で、亀または亀と蛇を組み合わせて表現される。

　玄武岩（basalt）は黒色で六角形の柱状節理が発達することが多い。海洋底は玄武岩質の岩石でできているが地上には多くない。兵庫県豊岡市には天然記念物の玄武洞がある。黒色玄武岩の美しい節理が見事で、江戸時代の儒者・柴野栗山が玄武洞と命名した。東京大学の小藤文次郎はこれにちなんでバサルトを玄武岩と命名した（1884年）。

　エジプト人はファラオの業績をヒエログリフ（エジプト神聖文字）で石に記録した。エジプトではB.C. 3000年頃から絵文字が発達して、神殿などの遺跡にヒエログリフで書いた碑文が残されている。

　ロゼッタ石（Rosetta stone）はナポレオンのエジプト遠征（1799年）の際に発見された玄武岩でつくられた黒い石碑である。ロゼッタ石の碑文はプトレマイオス朝のファラオ・エピファネス5世（B.C. 205-180年）の即位を記念する内

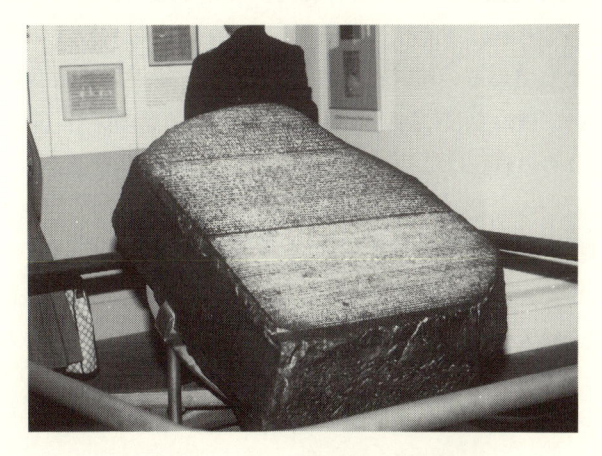

図 **4.3.5**　ロゼッタ石（大英博物館）

容で、3種類の言語（ヒエログリフとそれから派生した文字そしてギリシア文字）で書かれている。フランスのエジプト学者シャンポリオンはこの碑文を頼りにヒエログリフの解読に成功した（1882年）。

凝灰岩

凝灰岩（tuff）は火山灰や火山礫などの火山砕屑物（さいせつ）の堆積岩である。多孔質で見かけ比重が小さく、色が白っぽい（シリカ分が多い）火山砕屑物を軽石という。色が黒っぽい（シリカ分が少ない）岩石を岩滓（がんさい）という。凝灰岩は軟らかくて強度は小さいが、採掘や加工が容易で、断熱性があるので、壁材などに用いられる。奈良県二上山から産出する凝灰岩（熔結凝灰岩）は、藤の木古墳や高松塚をはじめとする古墳時代の石室や石棺に広く使われた。

第三紀中新世はアジア大陸周辺の浅い海底で火山活動が盛んで、海底に厚い火山堆積物ができた。それらは変質して緑色を帯びた凝灰岩（グリーンタフ）として日本の各地に分布している。宇都宮市郊外で産出する大谷石はもっとも有名なグリーンタフで、建築材料として広い用途がある。

青　石

龍安寺（りょうあんじ）の石庭で代表される枯山水（かれさんすい）の庭園は室町時代の禅寺から流行した。それ以外の日本庭園でも庭石（景石、組石、飛石、敷石、橋石など）は欠かせない。庭石に最高とされているのが青石である。青石は、緑泥岩、緑簾石（りょくれん）、アクチノ閃石（角閃石の一種）などの緑色鉱物を主成分とする結晶片岩（緑泥片岩）の総称である。これらの岩石は結晶が一定方向に配列した片状構造をもっていて縞模様（しま）が美しい。青石は少量の2価の鉄イオン（Fe^{2+}）を含むので緑色を呈する。

結晶片岩は広域変成岩で日本の各地で産出するが、徳島県吉野川の阿波青石、埼玉県秩父の秩父青石、群馬県三波川（さんばがわ）の三波川青石、紀伊半島中央部の紀州青石などが有名で、愛媛県八幡浜海岸地帯の伊予青石が最高の石材とされている。

蛇紋岩

蛇紋岩（serpentine）は脂ぎった滑らかな肌と蛇の皮に似た模様の緑色の岩石

である。蛇紋岩の主成分鉱物は蛇紋石で、マグネシウムを主成分とする含水珪酸塩である。橄欖石などマグネシウムに富む火成岩が変成作用を受けて生成したと考えられ、Fe^{2+} イオンを含むため緑色を呈する。

蛇紋石には、板状ないし葉片状の形態をもつアンチゴライト（板温石）、繊維状のクリソタイル（温石綿）、細かい板状構造をもつリザーダイトの三種類の鉱物がある。これらは広い意味では層状構造の粘土鉱物である。

埼玉県秩父の蛇灰岩（鳩糞石）は蛇紋岩と石灰岩との中間的な岩石で、緑色の蛇紋岩の地に白い方解石の網目模様が浮んでいる美しい石材である。日本の蛇紋岩は断層運動が激しい造山帯で破砕作用を受けているので大きな石材は稀で、砕石として土木用に使われることが多い。装飾材には輸入材が使われる。

4.4 宝飾品

宝石と宝飾品

　貴石や貝殻そして貴金属を加工して身を飾る風習は古代から世界各地で行われていた。

　貴石は宝石と同義語で、英語では jewel, gem, gem stone, precious stone などと呼ばれている。宝石学は gemmology（英）、gemology（米）である。宝石の素材はさまざまであるが、多くは天然に産出する無機質の単結晶である。しかし多結晶質の宝石や非晶質の宝石そして有機質の宝石も存在する。

　宝石と貴金属とを組み合わせてつくる装身具を総称して宝飾品（ジュエリー、jewellery（英）、jewelry（米））と呼んでいる。指輪・ネックレス・ブローチ・イヤリングなどがそれで、現在国内で2兆円程度の市場がある。

古代の装身具

　玉髄（ぎょくずい）(chalcedony) は天然に産出する堆積岩で、微結晶質石英（シリカ、SiO_2）粒子の集合体であるが、必ず少量の水を含んでいる。玉髄は微量の不純物によって色や縞(しま)模様など外観が変化するので、いろいろな名前で呼ばれる。紅玉髄（carnelian, sard）、瑪瑙(めのう)（agate）、オニックス（onyx、縞(しま)瑪瑙）、ジャスパー（碧玉(へきぎょく)、jasper）、チャート（chert）、フリント（燧石(ひうちいし)、flint）などである。

　世界四大文明の一つであるインダス文明のドーラビーラでは、紅玉髄の装身具が量産されて遠くアラビア半島のオマールやバーレーンにも輸出されていた。採掘した紅玉髄は目立たない石であるが、200–400 °Cで熱処理すると酸化鉄の微粒子が析出して美しく発色する（口絵4.4.1 紅玉髄とガラスのネックレス）。

　カメオ（cameo）は、巻貝や瑪瑙(めのう)など縞目がある素材に浮彫りを施した宝飾品でローマ時代からつくられている（口絵4.4.2 紅縞瑪瑙のカメオ）。被(かぶ)せ色ガラスの器に彫刻したローマン・カメオ・グラスも有名である（口絵3.5.2 ローマ

4.4 宝飾品

ン・カメオ・グラスのアンフォラ)。

古代中国では、玉に不滅の霊力があると信じられていた。璧は中心に孔をあけた玉の円盤で王権の象徴であった。玉器の原石は西域のホータン地方から絹との交易によって入手していた(口絵 4.4.3 玉龍、口絵 4.4.4 透彫・玉飾)。

1968 年、河北省満城県の前漢の陵墓から一体の被葬者が出土した。彼は 2498 枚の玉板を 1.1 kg の金糸で綴った金縷玉衣をまとっていた(口絵 4.4.5 金縷玉衣)。広東省広州市の南越王墓から出土した絲縷玉衣は、2291 片の玉片を絹糸と絹のリボンで綴り合わせてあった。この絲縷玉衣が 3 年をかけて復元された(口絵 4.4.6 絲縷玉衣)。銀縷玉衣も出土している。

翡翠(硬玉、jadeite)は $NaAlSi_2O_6$ の組成をもち、高圧(10000 気圧以上)、低温(200-300 ℃)の条件下でだけ生成する広域変成岩である。アジアではビルマの奥地に大きな鉱床があるが、それ以外では新潟県糸魚川市を流れる姫川の流域だけに産出する。

翡翠や瑪瑙を加工した勾玉や管玉で身を飾る風習は縄文時代からである(口絵 4.4.7 勾玉の製作工程)。糸魚川の翡翠は 500 km 離れた三内丸山の縄文遺跡や、遠く海を越えて朝鮮半島や沿海州にも運ばれていた。

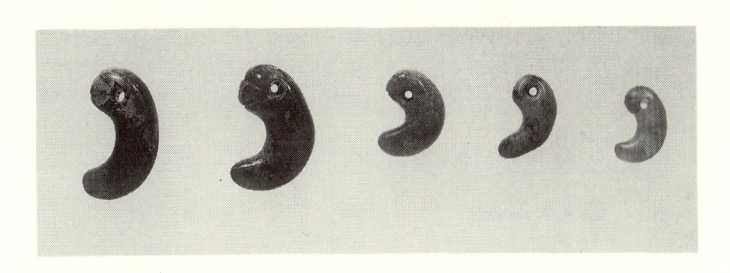

図 4.4.1 翡翠の勾玉五点、大きさ:0.9-2.4 cm、古墳時代
奈良県北葛城郡河合町宝塚古墳出土(皇室御物、宮内省書陵部)

古代中国で尊重された玉は正確には軟玉(nephrite)で、透角閃石や陽起石の微結晶の集合体である。軟玉は $Ca_2(Mg, Fe)_5(Si_4O_{11})_2(OH)_2$ の組成をもち、1 気圧、400-500 ℃の条件下で生成する変成岩である。軟玉は翡翠に比べると加工

が容易である。昔は軟玉と硬玉との区別がつかなかったので、まとめて玉(jade) と呼んでいた。

宝石の処理

宝石としてポピュラーなものに誕生石がある（口絵 4.4.8 誕生石）。

宝石は磨くと美しい硬い材料で、光の屈折率（refractive index）・透明度（clarity）・色（colour）などが問題になる。

宝石の価格は、品質と重量そして希少価値によって決まる。宝石の重量はカラット（carat, ct）で表す。1 ct は 0.2 g である。

原石は研磨と適切なカットを施すことによって宝石となる。ダイヤモンドは屈折率が 2.42 で、他の物質（水晶は 1.55）に比べて格段に大きい。ブリリアント・カット（brilliant cut）を施したダイヤモンドでは入射光が 2 回全反射して 100 % もどってくるので最高の輝きを示す。

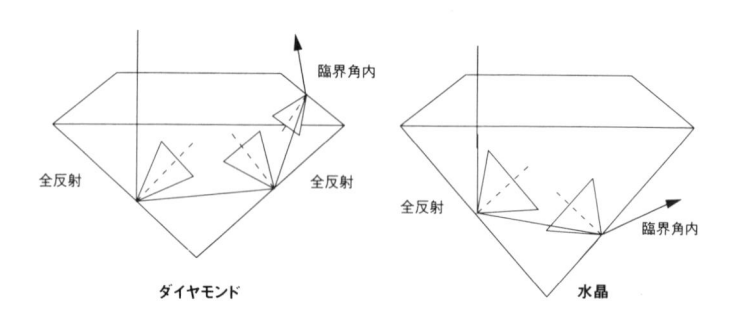

図 **4.4.2** 屈折率の高いダイヤモンドと低い宝石

天然に産出する原石はそのままで美しいものは少ない。瑪瑙や紅玉髄のように、熱処理や色付け処理などの改質（enhansment）処理を加えることで商品になるものも多い。たとえばブラック・オニックスは炭素を析出させてつくる。すなわち、原石を砂糖シロップ中で処理したのち濃硫酸に浸すと、染み込んだ砂糖が炭化して黒色となる。

模造宝石、合成宝石、再結晶宝石など、天然宝石と紛らわしいものも多い。ガ

ラス玉や安価な素材でつくる模造宝石や、表面処理（treatment）を施した改変宝石もある。ルビーやサファイアのように完全に合成できる宝石もある。屑宝石（くず）からつくる再結晶宝石もある。

代表的な宝石

ダイヤモンド（diamond）は炭素の同素体で、宝石に用いる大きな単結晶ダイヤモンドはすべて天然産である。ダイヤモンドはあらゆる物質の中でもっとも硬いので、研削・研磨などの機械加工に不可欠な材料である。ダイヤモンドの合成には超高圧が必要で、微粒子の合成ダイヤモンドは工業的に量産されている。

アルミナ（Al_2O_3）単結晶はコランダム（corundum）構造で無色透明である。赤いルビー（ruby）は数%の酸化クロム（Cr_2O_3）を固溶したアルミナ単結晶である。無色や赤以外に着色したコランダム単結晶をサファイア（sapphire）と呼ぶ。ベルヌイ法（Verneuil method）で合成するアルミナ単結晶は時計の軸石などに広く使われている。合成アルミナ単結晶は宝石としての価値は低い。天然ルビーは不純物や欠陥を含むが、量産品にはない希少価値があるから珍重される。

緑柱石（beryl, $Be_3Al_2Si_6O_{18}$）の単結晶で、少量のクロムを固溶する濃緑色の宝石をエメラルド（emerald）という。南米コロンビアが主な産地で、完全な結晶はほとんど産出しないからダイヤモンド以上に高価である。米国のチャザムはフラックス法（flux method）で屑石からエメラルドの合成に最初に成功した。現在ではこの方法でつくった再結晶宝石が市販されている。同じ緑柱石でも、淡青色の石はアクアマリン、黄色の石はゴールデン・ベリル（ヘリオトープ）、ピンクの石はモルガナイトと呼ぶ。

アレキサンドライト（alexandrite）は、鉱物としてはクリソベリル（$BeAl_2O_4$）で、1%以下のクロムを含んでいる。この宝石は不思議なことに、自然光では緑色に、白熱電灯では赤茶色に見える（口絵 **4.4.9** アレキサンドライト）。

トルコ石（turquoise）、瑪瑙、翡翠、孔雀石（くじゃく）（malachite）、ラピスラズリ（lapis-lazuli）、オパール（opal）、琥珀（こはく）（amber）、珊瑚などは単結晶ではない。これらの宝石は曲線で囲まれたカボッション・カット（cabochon cut）やカメオのように任意の形に彫刻・研磨して用いる（口絵 **4.4.10** カボッション・カット

したオパール、**口絵 4.4.11** 昆虫が封入されている琥珀)。

　少量の鉄を固溶したクリソベリルは黄褐色にやや濁っていて、顕微鏡観察で針状の夾雑物が存在することが分かる。この結晶を楕円形にカボッション・カットすると、光の回折で猫の目効果（キャッツ・アイ、cat's-eye）が現れる。キャッツ・アイは水晶など他の鉱物にも見られる（**口絵 4.4.12** クリソベリル・キャッツ・アイ）。

　少量の酸化チタンを含むコランダム単結晶を c 軸方向に垂直にカボッション・カットすると 6 本のスターが観察される。スター・サファイア（star sapphire）はルチル型酸化チタンの針状微結晶がコランダム結晶の軸方向に配向して起こる光の回折現象である（**口絵 4.4.13** スター・サファイア）。スター・サファイアやキャッツ・アイも合成できる。

　鮑（あわび）や白蝶（しろちょうがい）貝の殻や真珠などは表面が妖しく輝いている。これらの真珠層は炭酸カルシウムの多形であるアラゴナイト結晶が、コンキオリンと呼ばれる硬質蛋白質（たんぱくしつ）の薄膜を介して多層膜を形成していて、これによって光が回折する。

　宝石の鑑定は肉眼や顕微鏡で色や透明度そして欠陥や夾雑物を調べる。紫外線を使って簡単に区別できることも多い。比重や硬度の違いで分かる場合も多い。X 線回折や蛍光 X 線分析も利用される。

5 先進セラミックス

5.1 先進セラミックスとは
5.2 先進セラミックスの特徴
5.3 電子セラミックス
5.4 先進セラミックスの将来

5.1 先進セラミックスとは

先進セラミックスの歴史

　先進セラミックスは、百万年の歴史がある石器や、一万数千年の歴史をもつ「やきもの」と比べると非常に新しい産業で、数十年の歴史があるに過ぎない。

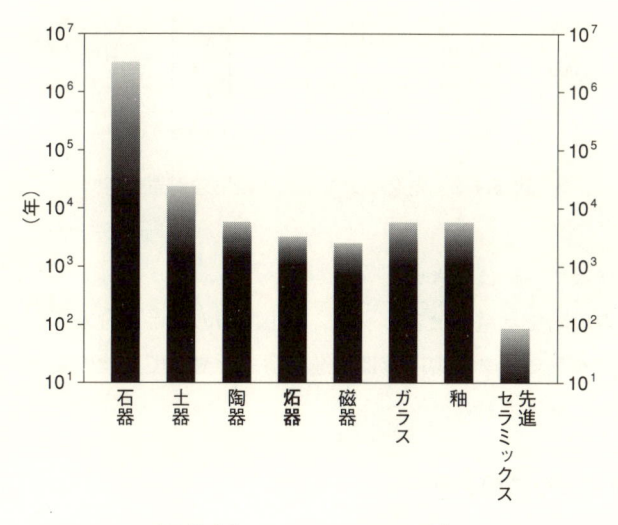

図 5.1.1　セラミックスの歴史

先進セラミックスの生産額

　それにも拘わらず重要なことは、先進セラミックス産業の生産額は伝統的な「やきもの」産業のそれをはるかに凌駕して発展していることである。先進セラミックスの用途別売上高を図5.1.2に示す[*1]。現在のファインセラミック部材の生産規模はおよそ1.9兆円で10年前の約2倍である。これは伝統的な「やきも

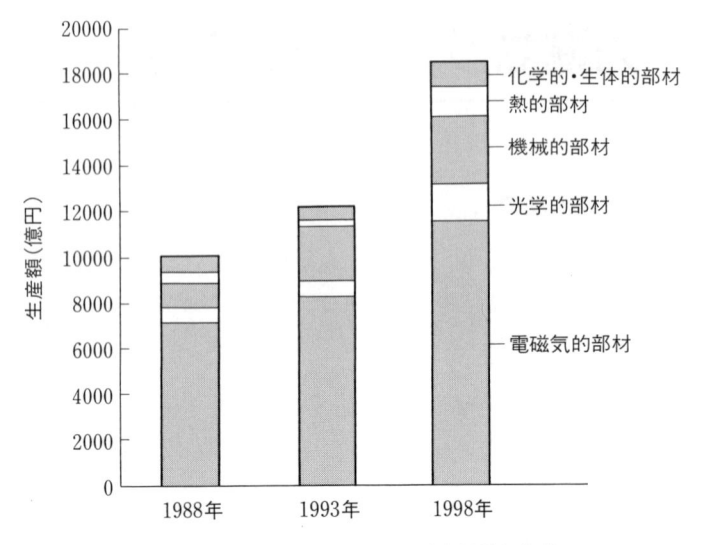

図 **5.1.2**　先進セラミックスの用途別売上高[*1]

の」産業と比べて一桁は大きい。

　表から、現段階では電子セラミックスが生産額の過半を占めていることなどが分かる。先進セラミックスの内容は日進月歩で、やがては他の製品の割合が増加するであろうと推定される。

新しいセラミックスの名称

　1940年代を過ぎると伝統セラミックスとはまるで違うセラミックスが続々と登場して、それらを呼ぶ新しい名前がつぎつぎに現れた（表5.1.1）。

　初期の段階では特殊陶磁器とか特殊窯業品という術語が使われた。つぎにニューセラミックスすなわちニューセラが現れた。そして、新々セラミックス、テクニカルセラミックス、ハイテクセラミックス、近代セラミックス、精製セラミッ

[*1]「ファインセラミックス産業動向調査」日本ファインセラミックス協会編から作成した。

5.1 先進セラミックスとは

表 5.1.1 新しいセラミックスの名称一覧

特殊陶磁器、特殊窯業品（special ceramics）
ニューセラミックス（new ceramics）略してニューセラ
新々セラミックス（newer ceramics）
テクニカルセラミックス（technical ceramics）
ハイテクセラミックス（high-technology ceramics）
近代セラミックス（modern ceramics）
精製セラミックス（refined ceramics）
活性セラミックス（active ceramics）
高性能セラミックス（high performance ceramics）
高付加価値セラミックス（value added ceramics）
先進セラミックス（advanced ceramics）
超セラミックス（superduty ceramics, ultra ceramics）
ファインセラミックス（fine ceramics）
フロンティアセラミックス（frontier ceramics）

酸化物セラミックス（oxide ceramics）
非酸化物セラミックス（non-oxide ceramics）
無粘土セラミックス（non-clay ceramics）
窒化物セラミックス（nitride ceramics）
炭化物セラミックス（carbide ceramics）
アルミナセラミックス（alumina ceramics）
ジルコニアセラミックス（zirconia ceramics）
ニューガラス（new glass）

機能性セラミックス（functional ceramics）
構造用セラミックス（constructional ceramics, structural ceramics）
電子セラミックス（electronic ceramics, electroceramics）略してエレセラ
エンジニアリングセラミックス（engineering ceramics）略してエンセラ
生体セラミックスすなわちバイオセラミックス（biological ceramics）
光学セラミックスすなわちオプトセラミックス（optical ceramics）
知能セラミックス（intelligent ceramics）
超電導セラミックス（superconductive ceramics）

クス、活性セラミックス、高性能セラミックス、高付加価値セラミックス、先進セラミックス、超セラミックス、ファインセラミックス、フロンティアセラミックスなど、つぎつぎに新語が現れた。しかしこれらの名称は研究費獲得などの目

的で工夫された言葉で、内容に関係する言葉ではない。

　その他にも新しいセラミックスを表す名称がいくつもある。たとえば、酸化物セラミックス、非酸化物セラミックス、無粘土セラミックス、窒化物セラミックス、炭化物セラミックス、アルミナセラミックス、ジルコニアセラミックス、マグネシアセラミックス、炭素セラミックス、ステアタイトセラミックス、ウッドセラミックスなど、材質で呼ぶ場合もある。ニューガラスと呼ばれる先進ガラス製品もいろいろとある。

　別の表現もある。機能性セラミックスと構造用セラミックスという分類がある。前者は電子セラミックスすなわちエレセラのことで、後者はエンジニアリングセラミックスすなわちエンセラを意味している。生体セラミックスすなわちバイオセラミックスとか、光学セラミックスすなわちオプトセラミックスという言葉もよく使われる。インテリジェントセラミックスは知能をもっているかのように挙動するセラミックスである。超電導セラミックスの発見は世間の話題をさらった。

　この本ではこれらの新しいセラミックスを先進セラミックスと呼ぶことにする。

ファインセラミックス

　ファインセラミックス（fine ceramics）という言葉は、英語でいうテクニカルセラミックスに相当する和製英語である。京セラ創始者の稲盛和夫が最初に提唱したとされ、化学の分野でのファインケミカルズという造語にあやかったともいわれる。ファインには、微細な、精巧な、華麗（かれい）な、繊細（せんさい）な、純粋な、見事な、綺麗（きれい）な、優れた、高級な、などの意味がある。

　fine ceramics という言葉は欧米では fine grained ceramics の意味で使われることが多かった。F. H. Norton の著書 "Fine Ceramics" Robert E. Kringer Pub. Co., (1970) では、ファインセラミックスを「調整された微構造からなるセラミック素地」と定義している。国際関税率表では fine を「水簸（すいひ）、微粉砕、または選鉱によって純度を高めた」と定義している。そのような原料でつくるセラミックスが、きめの細かい fine grained ceramics である。

5.1 先進セラミックスとは

というわけで、ファインセラミックスという和製英語は外国で反発を受けた。しかしこの分野は日本企業の技術力が圧倒的に強いことから、今ではこの名前が世界で通用する。そして珪酸塩原料でつくる高級な洋式磁器をファインチャイナとかファインポースレンと呼んで区別する。

　fine ceramics の反対語は coarse ceramics である。coarse には、きめが粗い、粗大な、粗製のとかいう意味がある。coarse grained ceramics の略語が coarse ceramics で、heavy ceramics とも呼ばれる。この範疇(はんちゅう)に入るのが建設用セラミックスと耐火煉瓦である。fine を精、coarse を粗と訳し、fine stoneware を精炻器とか精陶器と訳して、coarse stoneware を粗炻器とする訳語は現在も活きている。

先進セラミックスの種類

　先進セラミックスはどういうものか、具体的にイメージしていただくための写真を紹介する（口絵 5.1.1-5.1.2 先進セラミック部品の例）。これらの写真はごくわずかな例に過ぎないが、整然とした機能美を感じるのは私だけであろうか？

　先進セラミックスの一番の特徴は多種多様・千差万別なことで、一つの品物で先進セラミックスを代表することはできない。形も大きさもさまざまで、多結晶も単結晶もあれば、粉末もあるし、ガラスもある。薄膜もあれば厚膜もある。単純な形の部品もあるし、複雑な形状の製品もある。

　製品の用途は千差万別で、役に立つものであれば何でも差し支えない。先進セラミックスは軽薄短小の代表選手である。最新の電子機器、たとえばデジカメ、携帯電話、パソコン、DVD、BS デジタルテレビ等々には百個・千個の単位で米粒よりも小さい先進セラミック部品が組み込まれている。

　セラミックセンサーだけでも無数の種類がある。エアコンやガス湯沸器の温度センサー、火災報知器の煙センサー、ガス漏れ探知器のガスセンサー、防犯機器やリモコンの赤外線センサー、8 mm ビデオの手振れ検出センサーなどなど、これもそれもあれもセラミックセンサーである。

代表的な先進セラミック部品

　先進セラミックスをもう少し理解していただくため、身近にある商品の数例について解説する。

　最近の携帯電話には芥子粒大の多層チップコンデンサが250個も組み込まれている。そしてその約倍数の多層チップ抵抗が組み込まれている。多層コンデンサはチタバリ（チタン酸バリウム、$BaTiO_3$）の焼結体層と電極層を数十から数百層も重ねてある。昨年は世界中で多層チップコンデンサが8000億個も生産されたが、その70％以上を日本企業が製造した。

　クオーツ腕時計には超小型の水晶振動子が組み込まれている。一昔前の腕時計にはゼンマイと歯車が入っていて、テンプとガンギが時を刻んでいた。水晶腕時計は諏訪精工舎（セイコーエプソン）が1969年に世界にさきがけて開発した。昨年は世界中で9億個の水晶腕時計がつくられたが、それに使われたムーブメントの80％以上が日本製である。水晶振動子は携帯電話にも必ず入っている。振動子に加工する単結晶水晶は、水熱反応装置で屑水晶を原料として合成している。

　定価100〜150円で販売されている電子ライターも日本企業が開発した。ライターの中にはPZT（チタン酸・ジルコン酸鉛、$Pb(Ti, Zr)O_3$）系圧電セラミックスと、スプリングを用いる衝撃機構が組み込まれている。粟粒位のPZT焼結体に機械的な衝撃を加えるとセラミックスの両端に10000ボルト以上の電圧が発生して、火花放電が起こってブタンガスに点火する。

　電子体温計も日本企業が開発した。電子体温計には芥子粒大のサーミスタと呼ばれる部品が組み込まれている。サーミスタは電気抵抗の温度係数が非常に大きいセラミックスで、微小な温度変化を検出できる。

　先進セラミックスは原料が高価であるから、セメントや窓ガラスのように一種類の材料を大量に製造して利用することはできない。

　現段階の先進セラミックス産業は、電子セラミックスのように多種多様な小さな製品を数多く製造するという、軽薄短小の代表業種である。

先進セラミックスの定義

　先進セラミックスについては誰もが納得する定義はできていない。

　平成5年に制定されたファインセラミックス関連用語 JIS R 1600 では、ファインセラミックスを「目的の機能を十分に発現させるため、化学組成、微細組織、形状および製造工程を精密に制御して製造したセラミックスで、主として非金属の無機物質からなるセラミックス」と定義している。

　同様に、機能性セラミックスを「光学的、電磁気的、生体的などの性質を利用した高度な機能を発現するセラミックス」と定義している。構造用セラミックスの定義は「機械的、熱的および化学的な性質を主に利用し、各種構造部品として使用されるセラミックス」である。

制約がない先進セラミックス

　要するに「先進セラミックスには制約は何もない」のである。原料にも、化学組成にも、結晶構造にも、使用目的にも、使い方にも、利用分野にも、形や大きさにも、製造方法にも、何の制限もない。人の役に立つものなら何でもよいのである。

　私は先進セラミックスを「汎元素材料（pan-elemental materials）」と定義してはどうかと考えている。

　制約がないという考え方は、現在では伝統セラミックスの分野にも生かされている。たとえば衛生陶器では、昔は全く検討されていなかった撥水性や光触媒機能を備えた製品がつくられている。

5.2　先進セラミックスの特徴

これまでにつくられた先進セラミックス

現在までにつくられたさまざまな先進セラミックスに共通する特徴について考察しよう（表5.2.1）。

表 **5.2.1**　先進セラミック材料の特徴

1) 伝統セラミックスの一般的な性質を備えている
2) それに加えて、別の有用で高度な機能を備えている
3) 過酷な条件下でも高度な特性を発揮できる
4) 組成が単純な高純度合成原料を使用する
5) 粘土の代わりになる別の物質を使用する
6) すべての元素を対象とする
7) 種類が多種多様で、高度な機能も千差万別である
8) 素材を機械加工する代わりに、原料粉体を成形・焼成処理してつくる
9) 工業製品としての材質と寸法精度の均一性が要求される
10) 製造方法にこだわらない

第一の特徴は、伝統セラミックスの一般的な性質を備えていることである。すなわち、熱に強い、燃えない、錆びない、硬い、減らないなどの長所をもっている。欠点としては、機械的衝撃や熱的衝撃に弱い、後加工が難しいなどである。これらの欠点をかなり改善した先進セラミックスも実用化されている。

第二の特徴は、伝統セラミックスにはない何か別の高度な機能（電気的特性、磁気的特性、光学的特性、機械的特性、熱的特性、音響的特性、化学的特性、生化学的特性、超電導特性、…）を備えていることである。高度な機能の内容は現実に役に立つ性質であれば何でも差し支えない。

第三の特徴は、高温、高圧、腐食性雰囲気、強力な放射能など、苛酷な条件下でも高度な特性を発揮できることである。たとえば、耐熱性は高分子材料では

500℃が上限であるし、金属材料は空気中で1300℃以上では使用できない。しかし先進セラミックスはさらに高い温度でも使用可能な材料をつくることができる。

　第四の特徴は、組成が単純で高純度の合成原料を使うことである。伝統セラミックスで使う天然原料は複雑で品位が一定しない。伝統セラミックスの焼成過程では原料の分解と固相反応と焼結が同時に進行する。パラメータ（parameters）が多くては科学的研究は無理である。天然原料の反応過程は解明するのが困難で、複雑系の科学とやらを使っても研究は歯が立たないほど難しい。先進セラミックスで天然原料が使われない理由はここにある。先進セラミックスの多くは粉体の焼結だけで（固相反応を伴わないで）製品をつくっている。

　第五の特徴は、天然粘土の代わりに別の物質を使うことである。すなわち可塑剤や結合剤などとして有機高分子物質を採用する。これらは焼成で分解・揮散するので、製品を分析しても何を使ったかが分からない。また焼結融剤として長石の代わりに別の無機物質を少量使用する。したがってこれらは製造の重要なノウハウである。

　第六の特徴は、周期表上のすべての元素を対象とすることである。伝統セラミックスは鉱産原料を使うが、先進セラミックスは元素の種類にこだわらない点が画期的である。天然に存在しない新物質もいろいろ実用化されている。例を挙げると、チタバリことチタン酸バリウム（barium titanate, BaTiO₃）、窒化珪素（silicon nitride, Si₃N₄）、窒化アルミニウム（aluminum nitride, AlN）、立方晶窒化硼素（cubic-boron nitride, c-BN）、炭化硼素（boron carbide, B₄C）、炭化チタン（titanium carbide, TiC）、インジウム燐（indium phosphide, InP）、ラブロクこと六硼化ランタン（lanthanum boride, LaB₆）、ガリウム砒素（garium arsenide, GaAs）等々である。

　第七の特徴は、多種多様なことである。高度な機能は何であっても構わないし、製品の用途も千差万別で何の制限もない。形も大きさもさまざまで、薄膜もあれば厚膜もある。複雑な形状の製品もある。粉末もあるし、単結晶もあれば、ガラスもある。全ての元素を対象にするので、数え切れないほど種類が多くなるのは当然である。その反面では軽薄短小の代表選手であるから、一つの商品では

大した売り上げにはならない。小さな製品を数多く取りそろえる必要がある。

　第八の特徴は、原料粉体を収縮を見込んで成形・焼成処理してつくることである。金属や高分子材料の場合は、素材をメーカーから購入して機械加工して製品をつくるのが普通である。しかしセラミック材料は焼成後の機械加工が非常に高くつくので、できるだけ製品に近い形状の「やきもの」をつくるのが腕の見せ所である。

　第九の特徴は、工業製品としての高度の規格が要求されることである。先進セラミックスは、材質と物性が常に均一であることと同時に、機械的な寸法精度を許容限界内に収めることが非常に重要である。

　第十の特徴は、先進セラミックスは製造方法にもこだわらないことである。先進セラミックスの製造では、原料粉末の焼結法の他、厚膜法、ゾル・ゲル法、水熱法、超高音・超高圧法、各種メッキ、CIP、HIP、PVD、CVD、MOCVD、…など、考えられるあらゆる手段を十分検討して、最適の手段が採用される。

5.3　電子セラミックス

電子セラミックスの特色

　携帯電話、ノート型パソコン、ビデオカメラなど、携帯用電子機器には小型化についての限りない要求が課せられている。この要求を満足させるのが超小型セラミック部品の進歩である。現在の電子機器にはマッチの頭よりもずっと小さいエレセラ部品が多数組み込まれている。

　エレセラは、電気絶縁性、導電性、誘電性、圧電性、焦電性、軟磁性、硬磁性、各種センサー特性など、電磁気に関連するいろいろな特性を利用している。

　それらを細かく分類すると無数といってもよいほど種類が多くなる。たとえば積層チップコンデンサについていえば、電気容量値、耐電圧、温度特性、使用可能な温度範囲、外形、寸法など、規格が異なる多種多様な製品を一式取り揃えなければ商売にならない。

　エレセラ部品には電極が必要であるから、金属との複合（metallizing）技術が不可欠である。

　エレセラ部品には非常に高い信頼性が要求される。ppmすなわち100万個に1個の不良品が許されないのは当然のことである。

　エレセラは商品寿命が短い。新製品をつぎつぎに開発しなければ業界に生き残ることができないという忙しい業種である。

　電子機器の小型化には四つの流れがある。その第一が部品の小型化である。第二が部品点数の削減、第三が集積度の向上、第四が実装密度の向上である。

セラミック部品の小型化

　一昔前の抵抗やコンデンサにはリード線がついていて基板に半田付けしていたが、当節は規格化された直方体のチップ部品が多い。現在量産されている最小のセラミックチップ部品は0603型（0.6 mm×0.3 mm）で、芥子粒よりもずっと

小さい。バケツ一杯に1000万個が入って価格がおよそ1000万円という製品である。この積層チップコンデンサは電気容量を大きくするため、セラミック誘電体と内部電極を数十ないし数百層重ねたものを焼成してつくる。

電子機器の小型化に小さい部品は必要不可欠である。チップ部品の外形寸法は、過去20年間に3216型から2012型、1608型、1015型を経て0603型へと小型化した。さらに2010年には0502型を経て0402型へと移行する予定である。

エレセラには小型化についての限りない要求が課せられるが、部品が小さいほど機械的衝撃に強いという利点も大きい。

セラミック部品の量産

エレセラ部品は膨大な数量を量産する必要がある。たとえば、積層チップコンデンサだけでも1999年には300億個/月も生産された。一日に10億個である。今年は生産量が50%以上増加する。その大部分が日本企業の製品である。

多種多数生産で商品寿命が短いということはメーカーにとって大きな負担である。多数生産といっても、試作の一品料理からはじまって、百個、万個、百万個と順次生産量を増加させながら、特性や寿命を測定し、不良率の低下を実現しなければならない。このような仕事は一人の天才技術者がいればできるという仕事ではない。真面目で有能な多数の技術者が協力して実現できる日本人向きの仕事なのである。

芥子粒のように小さな製品を不良率ゼロで大量生産するにはベルトコンベアーに女工さんを並べてという生産方式では無理である。全自動式のロボット製造ラインと検査設備、そして完璧な品質管理システムを構築する必要がある。しかも一つの生産ラインで多種類の製品を混合生産することが競争力の向上につながる。絶対に壊れない機械は実現不可能であるから、まめに点検・修理・整備してラインを良好な状態に維持できないようではメーカーとしての資格はない。

電子部品の集積度

電子メモリーや超LSIの例にみるように、半導体電子部品の集積度は急速に増大している。セラミック電子部品についても、同じ機能や違う機能の部品を融

合したハイブリッド部品の集積度の向上が研究されている。セラミック部品と半導体部品の融合も研究が進んでいる。携帯電話の機能を一つのチップに収めたワンチップ・ケイタイも遠からず実現する。

道具の小型化とすべてを小箱に収める凝縮の技はこの国の伝統である。形や大きさが違う多種類の部品を小さな空間に詰め込む実装技術は日本企業の得意技である。それができない「詰まらない」企業はこの社会では生きてはいられない。

日本の電子セラミックス

電子セラミックスの分野でこの国は古い伝統をもっている。たとえば、フェライトは世界に先駆けて実用化された日本の発明品で、TDK はフェライトを商品化するため設立された企業である。フェライトは現在ではテレビのブラウン管にもラジオのアンテナにも、磁器テープやキャッシュカードや自動改札切符にも広く使われている。脚注の文献はそれに関する最初の研究論文である[*2]。

チタバリも第二次大戦中に米ソ両国と日本でそれぞれ独自に開発された。現在では、誘電セラミック部品と圧電セラミック部品の大部分が、村田製作所をはじめとする日本企業が製造している。

アルミナ磁器を用いるセラミック・パッケージは京セラが 1950 年に開発した。白物と呼ばれる電子セラミックスの大部分も日本企業が製造している。

日本にはセラミック部品を専門に製造している企業は、TDK、村田製作所、京セラなどたくさんあるが、外国にはこうした企業はほとんど存在しない。

[*2] 「亜鉄酸亜鉛（Zinc Ferrite）の組成、化学的性質および磁性に関する研究」加藤與五郎、武井武、日本鉱業会誌、昭和 5 年 3 月、**539**、167-178（1930）

5.4　先進セラミックスの将来

先進セラミックスと伝統セラミックス

　伝統セラミックスは「オールドセラミックス」で「ローテクセラミックス」だと馬鹿にしたものではない。先人が経験と工夫と努力を積み重ねた結果、複雑な物理化学的現象を制御して無数の製品を開発したのである。

　先進セラミックスは「ハイテクセラミックス」だと自惚(うぬぼ)れてはいけない。先進セラミックスでは因子（要因、factor）を少なくして科学的研究を効率よく遂行する。そして異業種に目を向けて境界領域の新製品をつぎつぎに開発している。要するに、物事を単純化して新規事業を開拓したことに特徴がある。この点では伝統セラミックスの技術者は在来の領域に安住して新事業に乗り遅れたのである。

　「先進セラミックスは伝統セラミックスと全く関係がない」という人がいるが、これは間違っている。先進セラミックスの研究者は伝統セラミックスのことを知らな過ぎる。まして天然セラミックスとの関係など考えてもいない人が多い。しかしこれらのセラミックスの間には共通する情報が多い。先進セラミックスの開発にあたって、伝統セラミックスで培(つちか)った技術や、天然セラミックスに関する知識は非常に役に立つのである。それらを活用しないのは怠慢(たいまん)である。

群盲触象

　先進セラミックスは全元素を対象とするという立場からすれば「研究は緒(ちょ)についたばかり」である。行く手には未開のジャングルが広がっている。

　先進セラミックスの基礎は無機化学すなわち汎元素化学にある。新種の先進セラミック材料を開発する際の道標はまずは周期表と結晶構造である。性質や大きさが類似した元素や、よく似た結晶構造が最初の取っ掛かりになる。

　たとえば、Naの代わりにKやRbを、Caの代わりにMgやSrやBaを、Cl

の代わりに F や Br や I をという具合である。

誘電材料として広く使われているチタバリ（$BaTiO_3$）はペロブスカイト構造であるが、同じ構造や類似構造をもつ多くの化合物（$SrTiO_3$、$PbTiO_3$ などなど）との組み合わせが製品の改良につながった。

しかし物事はそう簡単ではない。周期表上の同族元素で同じ構造をとるダイヤモンド（C）とシリコン（Si）とゲルマニウム（Ge）の化合物を考えてみよう。酸化物である CO_2 と SiO_2 と GeO_2 の間の違いや、有機高分子化合物と珪酸塩化合物とゲルマニウム化合物の間の相違は、月と鼈よりも著しい。すべての元素を相手にするにはそれなりの覚悟が必要である。

先進セラミックスの研究・開発は「群盲触象」という状況にある。先進セラミックス開発の現状は、細菌もウィルスも知られていなかった 18 世紀の医学と同じ環境にあると考えてよい。先進セラミックスの研究分野は「何も分かっちゃいねえ」砂漠と荒野である。21 世紀のセラミストは全元素のトータル・コーディネーター（total coordinator）でなければ務まらない。

夢の先進セラミックス

1980 年代の米国では、高強度、軽量、耐熱性に優れた構造用セラミックスを開発して、航空機用セラミック・エンジンをつくるというというプロジェクト研究が行われた。しかし夢への挑戦はあえなく挫折した。高温金属材料に代わる信頼性の高いセラミック材料の開発は、現段階では非常に大きな障害が存在する。

1986 年に発見された超電導（超伝導）セラミックスにしても、未だに現象を十分に説明できる理論は提出されていない。超電導セラミックスを線材に加工するのは非常に難しい技術であるが、液体窒素で冷却して使うビスマス系複酸化物超伝導線材の実用化試験がはじまっている。

先進セラミックスの将来は闇に閉ざされている。しかし大きな夢がある。それが何であるかは分からないが、革命的な材料が開発される可能性がある。たとえば、ナノテクノロジーが引金になるかも知れないし、超高純度鉄や超高純度合金のように、超高純度が引金になるかも知れない。

先進セラミックスが単なる素材や部材そして部品の地位に甘んじていては先が

知れている。材料を中心とするシステム構築こそが重要である。単結晶シリコンという素材の上に築かれた半導体工学と情報・技術のシステムがよい例である。光通信用セラミック材料は次世代の情報・技術システムの中核を担っている。

科学・技術は夢の仮説と実現への努力によって進歩してきた。未知に挑戦しなければ成果は得られない。宝籤は買わなければ当たらない。

日本の中堅技術者

先進セラミックス製品の開発は一人のノーベル賞学者がいればできるという仕事ではない。先進セラミックスの研究は泥臭い仕事の連続で、多数の中堅技術者と中間管理者の努力と汗が必要である。考えてもご覧なさい。一社で何千何万という種類の部品を一つの間違いもなく製造・販売するという仕事に天才が向いているかどうかを。

西欧諸国では過去から現在まで少数のエリートが社会をリードしている。エリート達は優秀で猛烈に働いて多くの凡人を食べさせている。そして貧富の経済的格差が著しい。製造業では専門技術者（technician）や一般労働者のレベルは低い。

日本の強みは中堅技術者層が他国に比べて厚いことである。この点では戦後に拡充された地方大学の出身者が大きく貢献した。その頂点に立つのが徳島大学卒業の中村修二である。彼は誰も見向きもしなかった窒化ガリウム（GaN）に取り組んで、世界に先駆けて青色発光ダイオードと青色レーザーをほとんど独力で実用化した。

先進セラミックスの分野での日本の弱点は、リーダーとしての資質を備えた指導的研究者が少な過ぎることである[*3]。その数は有機化学者の一割にも達しないのである。現在の日本の最重要課題はエリート教育の充実である。著者は、独創的な発想力をもっていて大局的に判断して研究の方向を指示できる、他分野のエリート研究者がこの分野に参入されることを歓迎する。

[*3]「やきものから先進セラミックスへ」加藤誠軌、内田老鶴圃（2000年）

セラミックス技術博物館

　全国にはセラミックスに関係する美術館や博物館がたくさんあるが、それらのほとんどは芸術の展示で、技術の展示はごく僅かしかない。諸外国には、ドイツ博物館、スミソニアン博物館、大英博物館をはじめとして、科学や技術の成果を分かりやすく展示しているミュージアムがたくさんある。この分野では上野の国立科学博物館などは幼稚園クラスである。

　セラミックスは日本の伝統産業の一つである。先進セラミックスの分野では日本は「フェライト」をはじめとして世界に誇れる業績をもっている。しかもこの分野では日本企業が圧倒的な技術力を誇っている。産業考古学の立場からも、世界に自慢ができる「セラミックス技術博物館」を設立していただきたい。

　これに絶好のチャンスがある。近く開催される名古屋万国博覧会の会場跡地である。中京地区は昔から日本窯業の中心地であった。ここに「セラミックス技術博物館」を建設すればよい。

　展示資料の収集にあたっては官庁や企業という縄張り意識を捨てていただきたい。以下に紹介するコレクションをはじめとして、企業、大学、公共団体、個人から関係資料を広く出品していただけばよい。資料は貸出していただけばよいので、寄付してもらう必要はない。博物館では出品者の意向を汲んで展示すればよい。現在であればかなりの質と量の関係資料を収集できるはずである。たとえば著者が東工大に在職中に、某社から水晶発振子の大きなコレクションを大学に寄付したいという打診があった。

平野陶磁器コレクション

　「平野陶磁器コレクション」[*4]は元東京工業大学窯業研究所所長・平野耕輔の収集になるもので、明治中期から昭和10年頃までの工業製品と研究試作品72点のコレクションである。コレクションには、ワグネルの旭焼、板谷波山が試作し

[*4]「平野陶磁器コレクションの紹介」加藤誠軌、水谷惟恭、セラミックス **12**、No. 12、1022-29（1987年）

たマジョリカや、商工省陶器試験場で試作した釣窯鉢なども含まれている。現在は東京工業大学・百周年記念館に展示してある（**口絵 5.3.1** 平野陶磁器コレクション）。

付表・付図

付表1　元素の周期表

周期表

族→	1/I	2/II	3	4	5	6	7	8	9	10	11	12	13/III	14/IV	15/V	16/VI	17/VII	18/VIII
1	1 H 1.008																	2 He 4.003
2	3 Li 6.941	4 Be 9.012											5 B 10.81	6 C 12.01	7 N 14.01	8 O 16.00	9 F 19.00	10 Ne 20.18
3	11 Na 22.99	12 Mg 24.31											13 Al 26.98	14 Si 28.09	15 P 30.97	16 S 32.07	17 Cl 35.45	18 Ar 39.95
4	19 K 39.10	20 Ca 40.08	21 Sc 44.96	22 Ti 47.88	23 V 50.94	24 Cr 52.00	25 Mn 54.94	26 Fe 55.85	27 Co 58.93	28 Ni 58.69	29 Cu 63.55	30 Zn 65.39	31 Ga 69.72	32 Ge 72.61	33 As 74.92	34 Se 78.96	35 Br 79.90	36 Kr 83.80
5	37 Rb 85.47	38 Sr 87.62	39 Y 88.91	40 Zr 91.22	41 Nb 92.91	42 Mo 95.94	43 Tc 99	44 Ru 101.1	45 Rh 102.9	46 Pd 106.4	47 Ag 107.9	48 Cd 112.4	49 In 114.8	50 Sn 118.7	51 Sb 121.8	52 Te 127.6	53 I 126.9	54 Xe 131.3
6	55 Cs 132.9	56 Ba 137.3	La-Lu	72 Hf 178.5	73 Ta 180.9	74 W 183.8	75 Re 186.2	76 Os 190.2	77 Ir 192.2	78 Pt 195.1	79 Au 197.0	80 Hg 200.6	81 Tl 204.4	82 Pb 207.2	83 Bi 209.0	84 Po 210	85 At 210	86 Rn 222
7	87 Fr 223	88 Ra 226	Ac-Lr	104 Unq	105 Unp	106 Unh	107 Uns	108 Uno	109 Une									

sブロック　dブロック　pブロック

ランタニド:
| 57 La 138.9 | 58 Ce 140.1 | 59 Pr 140.9 | 60 Nd 144.2 | 61 Pm 145 | 62 Sm 150.4 | 63 Eu 152.0 | 64 Gd 157.3 | 65 Tb 158.9 | 66 Dy 162.5 | 67 Ho 164.9 | 68 Er 167.3 | 69 Tm 168.9 | 70 Yb 173.0 | 71 Lu 175.0 |

アクチニド:
| 89 Ac 227 | 90 Th 232.0 | 91 Pa 231.0 | 92 U 238.0 | 93 Np 237 | 94 Pu 239 | 95 Am 243 | 96 Cm 247 | 97 Bk 247 | 98 Cf 252 | 99 Es 252 | 100 Fm 257 | 101 Md 256 | 102 No 259 | 103 Lr 260 |

fブロック

付図1 日本の主な窯場

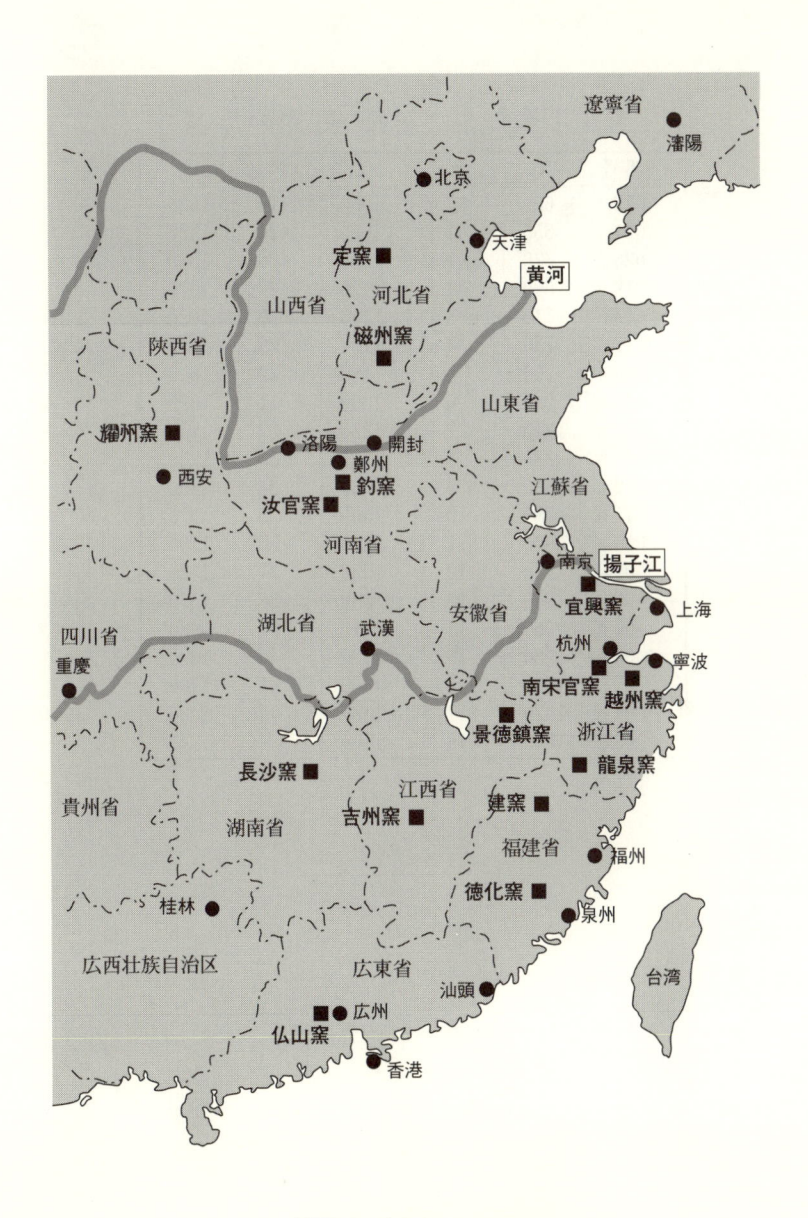

付図 2　中国の主な窯場

付表 2　ゼーゲル錐の熔倒温度

番号	°C	番号	°C	番号	°C
022	600	02 a	1060	19	1520
021	650	01 a	1080	20	1530
020	670	1 a	1100	26	1580
019	690	2 a	1120	27	1610
018	710	3 a	1140	28	1630
017	730	4 a	1160	29	1650
016	750	5 a	1180	30	1670
015 a	790	6 a	1200	31	1690
014 a	815	7	1230	32	1710
013 a	835	8	1250	33	1730
012 a	855	9	1280	34	1750
011 a	880	10	1300	35	1770
010 a	900	11	1320	36	1790
09 a	920	12	1350	37	1825
08 a	940	13	1380	38	1850
07 a	960	14	1410	39	1880
06 a	980	15	1435	40	1920
05 a	1000	16	1460	41	1960
04 a	1020	17	1480	42	2000
03 a	1040	18	1500		

索　引

（斜体の数字は口絵の頁、立体の数字は本文の頁を示す）

あ

青石 …………………………………158
青色発光ダイオード ………………182
青木木米 …………………………*34*, 125
青瓷 …………………………………*29*, 118
赤絵 ………………………………28, 114, 122
赤絵式陶器 ………………………*17*, 104
上野窯 ……………………………………122
赤煉瓦 ………………………………………34
旭焼 …………………………………*35*, 126
アーズンウエア ……………………………7
渥美窯 ………………………………*7*, 120
後絵 ………………………………………88
窖窯 …………………………………28, 118
焙焚 ………………………………………30
天草陶石 …………………………………14
アモルファス ……………………………42
荒川豊蔵 ……………………………121, 126
アラゴナイト ……………………………154
霰石 ………………………………………154
有田 ………………………………………123
有田窯 ……………………………………123
アルカラザ …………………………………97
アール・ヌーヴォー ……………………131
アルミナ ……………………………14, 163
アルミノ珪酸塩 …………………………15
アレキサンドライト ………………*45*, 163
安山岩 ……………………………………156
アンチーク …………………………………57
安藤堅 ………………………………*14*, 80
アンフォラ ………………………104, 105

い

家元制度 …………………………………72
伊賀窯 …………………………*30*, 55, 122
鋳込み成形 ………………………………21
石臼 …………………………………72, 149
石黒宗麿 …………………………………126
石焼 …………………………………………7
泉山 …………………………………*14*, 123
板ガラス …………………………………43
板谷波山 …………………………*35*, 75, 126
糸魚川 ……………………………………161
井戸茶碗 ……………………………*7*, 68, 73
稲盛和夫 …………………………………170
伊万里 ……………………………*32*, 30, 123, 124
炒茶 ………………………………………64
色絵 …………………………*1*, *4*, *7*, *13*, *20*, 28, 122
色見 ………………………………………29
殷墟 ………………………………………110
隠元 ………………………………………72
影青 ………………………………………114
インテリジェント・セラミックス …170

う

ヴァリニヤーノ …………………………56
ウエッジウッド …………………*2*, *21*, 109
ヴェネチアン・グラス …………*37*, 130
薄茶 ………………………………………72

腕時計 ……………………………… 172
 うわ え
上絵 ………………………………… 28

え

英国東インド会社 ………………… 65
栄西 ………………………………… 65
衛生陶器 …………………………… 35
永忠 ………………………………… 65
永仁の壺 ………………………… 88, 89
  ほ ぜん
永楽保全 ……………………… 34, 125
エジプト文明 …………… 40, 146, 147
越前窯 …………………………… 120
エッジランナー ………………… 149
エミール・ガレ ……………… 38, 131
エレセラ ………………… 169, 177
エンゴーベ ……………………… 23
エンセラ ………………………… 169
 えんゆう
鉛釉 ………………………… 24, 103, 117
 えんゆう
塩釉炻器 ……………………… 19, 108

お

黄土 ………………………………… 95
大倉和親 …………………………… 35
大倉陶園 ………………………… 5, 52
大倉孫兵衛 ……………………… 35
大友宗麟 …………………………… 56
 おおめいぶつ
大名物 ……………………………… 70
 おお や
大谷石 …………………………… 152
 けんざん
尾形乾山 ……… 14, 31, 70, 78, 79, 87, 123
 こうりん
尾形光琳 ……………………… 31, 87, 123
岡本太郎 ………………………… 78
 えいせん
奥田頴川 ……………………… 34, 125
押出し成形 ……………………… 21
織田信長 ……………………… 66, 67
お茶壺道中 ……………………… 71

オニックス ……………………… 160
オニックス・マーブル ………… 150
オパール ……………………… 45, 163
 お むろ
御室焼 …………………………… 122
オランダ東インド会社 ………… 107
織部焼 ……………… 29, 69, 70, 121
オールド・ノリタケ …………… 127
 おんた
小鹿田焼 …………………………… 18

か

加圧成形 ………………………… 23
 がいし
碍子 …………………………… 3, 33, 36
 かいゆう
灰釉 ……………………… 22, 24, 112, 118
 がいろめ
蛙目粘土 ……………………… 15, 32
カオリナイト ………………… 15, 32
カオリン ………………………… 15
科学鑑定 ……………………… 89, 91
 かがみこうぞう
各務鑛三 ………………………… 37
柿右衛門 ………………………… 78
柿右衛門様式 ………………… 32, 124
 かこうがん
花崗岩 …………………………… 153
火山岩 …………………………… 140
火成岩 ……………………… 138, 140
 か そくき
加速器質量分析 ………………… 91
 か そせい
可塑性 ………………………… 13, 15, 19
カットグラス ………………… 36, 37, 130
河東カオリン …………………… 15
加藤四郎左衛門景正 …………… 119
加藤民吉 ………………………… 125
加藤唐九郎 ……………………… 89
加藤友太郎 ……………………… 126
金重陶陽 ………………………… 126
ガーネット ……………………… 140
 かぶせちゃ
覆 茶 …………………………… 72
カボッション …………………… 163

カメオ	160
カメオ・グラス	130
哥窯(かよう)	112
唐臼(からうす)	18
ガラス	40, 42-44
唐津窯	*30*, 122
唐物(からもの)	65
ガリウム砒素(ひそ)	175
カリウム長石	16
顆粒(かりゅう)	23
カルサイト	139, 154
枯山水(かれさんすい)	158
河井寛次郎	77, 126
瓦	9, 116
贋作(がんさく)	87
岩石	138
貫入(かんにゅう)	26, 27
慣用名	138
橄欖岩(かんらん)	140
橄欖石	138

き

菊揉み(きくもみ)	18
貴石	160
素地(きじ)	13, 23
黄瀬戸	*13*, 121
擬態(ぎたい)	83
北大路魯山人(ろさんじん)	74, 77, 87
喫茶	62
喫茶養生記	65
機能性セラミックス	169
機能美	171
木節粘土(きぶし)	15
ぎやまん	43
凝灰岩(ぎょうかい)	158

索 引　193

旧石器	145
玉	*42*, 160, 161
玉髄	*42*, 160
清風与平	126
清水六兵衛	126
亀裂(きれつ)	13, 22
錦光山宗兵衛	126
欽古堂亀祐	125
均窯	*25*, 112
金襴手(きんらんで)	5, *34*, 114, 124
金縷玉衣(きんる)	*43*, 160

く

楔形文字(くさびがた)	95, 96
燻瓦(くすべがわら)	102, 116
楠部弥弌	126
クリスタル・グラス	132
クリストバライト	17
クリソベリル・キャッツ・アイ	*45*, 163
グリーンタフ	158
黒雲母	141
黒絵式陶器	*17*, 104

け

蛍光 X 線分析	91
珪砂	17
珪酸塩工業	14
珪酸塩セラミックス	14
芸術	49
珪石	17
珪藻土(けいそう)	142
携帯電話	179
景泰藍	132
化粧掛け	23

結晶分化 ……………………………140
蹴轆轤(けろくろ) ……………………………21
建盞(けんさん) ……………………………63, 65
建窯 ……………………………6, 14, 65
玄武岩(げんぶがん) ……………………………139, 157
乾隆ガラス ……………………………38, 131

こ

古伊万里 ……………………………32, 124
硬玉 ……………………………161
硬磁器 ……………………………30
コアー・グラス ……………………………128
濃茶 ……………………………72
紅玉髄 ……………………………42, 160
工芸品 ……………………………49
紅茶 ……………………………64
固形茶 ……………………………63
構造用セラミックス ……………………………169
高台 ……………………………73
郊壇官窯(こうだん) ……………………………113
コーディエライト ……………………………37
鉱物 ……………………………139
高麗青磁 ……………………………51, 91, 115
故宮博物院 ……………………………50
古清水 ……………………………33
黒像式陶器 ……………………………104
古九谷様式 ……………………………32, 92, 124
国宝 ……………………………1, 6-9, 14, 58
黒曜石(こくようせき) ……………………………146
五彩 ……………………………114
固相反応 ……………………………32
呉須(ごす) ……………………………31, 27, 113
古瀬戸 ……………………………119
骨材 ……………………………40, 151
骨灰磁器 ……………………………108

骨董(こっとう) ……………………………57
木葉天目(このは) ……………………………80
琥珀(こはく) ……………………………45, 163
粉引(こひき) ……………………………11, 68
粉吹(こふき) ……………………………68
小山冨士夫 ……………………………89, 90
コンクリート ……………………………40

さ

西国立志編 ……………………………2, 5
彩釉浮彫り煉瓦 ……………………………16
材料 ……………………………44
さざれ石 ……………………………40, 142
ササン・グラス ……………………………130
薩摩切子 ……………………………38, 131
薩摩窯 ……………………………30, 122
サドルカーン ……………………………149
猿投窯(さなげ) ……………………………118
サヌカイト ……………………………146
佐野乾山 ……………………………90, 91
砂婆(さば) ……………………………141
寂(さび) ……………………………55
匣鉢(さや) ……………………………28
三彩 ……………………………28, 112, 117
三内丸山 ……………………………161

し

信楽窯(しがらき) ……………………………3, 120
磁器 ……………………………8, 14, 30
瓷器 ……………………………8
紫紅釉 ……………………………25, 113
四耳壺(しじこ) ……………………………71, 117, 119, 120
下絵(したえ) ……………………………3, 27
失透 ……………………………41
七宝(しっぽう) ……………………………39, 132

質量分析	91
志野	7, 12, 69, 70, 121
締焼（しやき）	29
ジャスパー・ウエア	21, 108, 109
蛇紋岩	158
修内司官窯（しゅうないじ）	113
重要文化財	58, 60
朱泥炻器	20, 108, 125
縄文土器	8, 60, 99, 100
焼結	32
触媒担体	36
ジョージア・カオリン	15
汝官窯（じょ）	112
徐冷	41
祥瑞（しょんずい）	25, 113
シリカ	17
糸縷玉衣（しる）	43, 160
ジルコニア	169
シルト	144
真空土練機（どれん）	18
真磁器	30
新製	125

す

水硬性	40
水晶宮	43
水晶時計	172
水簸（すいひ）	18, 123
須恵器（すえ）	28, 116, 117
陶邑窯（すえむらよう）	116
煤きれ（すす）	30
錫釉	24, 106
スター・サファイア	45, 164
ステンドグラス	39, 131
スポード窯	20, 108

索引 195

素焼（すやき）	20, 29
磨臼（すりうす）	149
宋胡録（すんころく）	68, 69

せ

青花（せいか）	10, 24, 113
青磁	6, 10, 23, 27, 26, 66, 112
青磁写し（うつ）	118
青銅器	110
石英	17
赤像式陶器	104
ゼーゲル錐（すい）	29
積層チップコンデンサ	178
石炭窯	28
石膏（せっこう）	39, 142
石灰	25, 39
石灰岩	40, 41, 142, 154
石器	145
炻器（せっき）	8
瀬戸黒	12, 119, 121
瀬戸物	125, 126
セーブル窯	19, 107
セメント	39
施釉（せゆう）	8, 24, 29, 118
施釉陶	118
セラミック教育	44
セラミックコーティング	134
前衛陶芸	77
先進セラミックス	46, 47, 167
磚茶	63
千利休	121

そ

象嵌（ぞうがん）	24, 104
造岩鉱物	138

196　索引

装飾タイル……………………………17
組織………………………………………10
塑性成形…………………………………21
塑像(そぞう)…………………………9, 61, 96
染付(そめつけ)……………………33, 27, 113

た

太湖石(たいこ)………………………155, 156
堆積岩……………………………………142
堆積作用…………………………………141
玳玻天目(たいひ)……………………7, 71
ダイヤモンド……………………44, 162
大理石……………………………………154
タイル……………………34, 35, 106, 107, 126
高取窯……………………………………122
高松塚古墳の壁画………………………9
多結晶……………………………………11
武野 紹鷗(じょうおう)…………………66
タージ・マハール………………………155
狸…………………………………………3, 12
炭化物……………………………………169
誕生石……………………………………44
團茶(たんちゃ)…………………………63
丹波窯……………………………………120

ち

地殻………………………………………139
チタバリ…………………………………175
窒化物……………………………………169
チップ部品………………………………172
茶臼………………………………………63, 72
茶磨………………………………………72
茶会………………………………………67, 68
茶器………………………………………67
茶経………………………………………63

茶芸………………………………………73
茶盞(さん)………………………………63
茶樹………………………………………62, 65
茶陶………………………………………62, 121
茶道………………………………………72
茶道具……………………………………67, 73
茶の湯……………………………………66
長次郎……………………………11, 67, 121
長石………………………………………16
超電導セラミックス……………………181

つ

搗臼(つきうす)……………………18, 72, 149
土焼………………………………………7
徒然草(つれづれぐさ)…………………55

て

泥漿鋳込成形(でいしょういこみ)……22
鉄絵………………………………………27, 121
鉄砂………………………………………27
鉄釉………………………………25, 69, 121
テラ・シギラタ………………………104, 105
デルフト焼………………………………19, 107
手轆轤……………………………………21, 22
電子セラミックス……………………169, 177
電子体温計………………………………172
電子ライター……………………………172
碾茶(てんちゃ)…………………………72
伝統セラミックス……………………14, 32
伝統工芸…………………………………76
天目………………………………………58, 80
天目茶碗……………………6, 7, 12, 58, 66, 80

と

砥石………………………………………150

索引 197

陶器 ……………………………………… 8
陶芸 ……………………………………… 75
陶硯(とうけん) ………………………… 116, 117
唐三彩 …………………………… 22, 117
陶磁器 …………………………………… 7
饕餮文(とうてつもん) …………… 110, 116
陶板画 ………………………………… 86
土器 …………………………… 8, 8, 97, 98
土偶 ……………………………… 8, 98, 100
常滑窯(とこなめ) …………………… 120
砥部窯(とべ) ………………………… 31
富岡鉄斎 ……………………………… 87
富本憲吉 ……………………………… 126
豊臣秀吉 …………………………… 67, 121
トリディマイト ……………………… 17
土練機(どれんき) …………………… 18
トンネル窯 …………………………… 28
トンボ玉 ………………………… 36, 129

な

中里無庵 ……………………………… 126
鍋島 ………………………… 4, 33, 53, 125
生掛け ………………………………… 3, 30
並河靖之 ……………………………… 39
奈良三彩 …………………………… 24, 117
軟玉 ……………………………… 146, 161
軟磁器 …………………………… 30, 106

に

偽物(にせもの) ……………………… 83
ニューガラス ………………………… 169
ニューセラミックス ………………… 169
仁阿弥道八(にんあみ) …………… 34, 125

ぬ

沼田一雅 ……………………………… 126

ね

熱電対 ………………………………… 28
熱分解 ………………………………… 32
練焚(ねらしだき) …………………… 30
練土(ねりつち) ……………………… 15
粘土 ……………………………… 15, 144
粘土質物 ……………………………… 13

の

軒瓦 ……………………………… 116, 117
禾目天目(のがめ) ………………… 79, 80
野々村仁清(にんせい) …… 1, 8, 13, 70, 122
ノベルティー ………………………… 127
登窯(のぼりがま) ………… 28, 31, 116
野焼 ……………………………… 15, 99

は

坏土(はいど) ………………………… 15
萩窯(はぎ) ……………………… 30, 122
博物館 ………………………………… 182
白磁 …………………………… 10, 27, 26, 113
薄胎瓷(はくたい) ………………… 26, 114
バサルト・ウエア …………………… 109
土師器(はじき) ………………… 28, 116
撥水性(はっすいせい) ……………… 173
パート・ド・ベール ………… 38, 131
埴(はに) ……………………………… 15
ハニカム・セラミックス ………… 37
埴生(はにゅう) ……………………… 15
埴輪 ……………………………… 9, 15, 102
濱田庄司 ………………………… 77, 126

198 索引

玻璃(はり)……………………………………43
パリッシー………………………18, 78, 106
版築(はんちく)……………………………15, 95

ひ

びいどろ……………………………………42
燧石(ひうちいし)……………………………146
ピカソ………………………………………78
光触媒(ひかりしょくばい)……………………173
碾臼(ひきうす)………………………………18, 149
髭徳利(ひげとっくり)………………………19, 108
翡翠(ひすい)…………………………………161
火襷(ひだすき)………………………………31, 122
備前窯(びぜんがま)………………………5, 31, 122
ビトリアス……………………………………42
日干煉瓦……………………………………95
平野陶磁器コレクション…………48, 183
ピラミッド………………………………146

ふ

ファイアンス………………………16, 103
ファインセラミックス………………170
吹きガラス……………………………41, 129
輻射温度計………………………………28
不斉の美(ふせい)…………………………54
不足の美…………………………………55
ブラック・バサルト………………21, 109
フラックス………………………………13
フリット…………………………………107
フリント…………………………………146
古田織部……………………………69, 73, 121
プレス……………………………………23
フロイス…………………………………56
フロート式板ガラス………………………44
文化勲章………………………………39, 76

粉彩…………………………………4, 27, 114
粉青沙器(ふんせいさき)……………………11, 68
噴霧乾燥法……………………………23

へ

平家物語…………………………………55
瓶子(へいし)………………………………119
白不子(ペイトンつ)………………………14
兵馬俑(へいばよう)………………………86, 111
ベトガー…………………………………108
変成岩…………………………………138, 143

ほ

法花………………………………………114
放射化分析……………………………27, 91
仿製(ほうせい)…………………………85
倣製(ほうせい)…………………………85
宝飾品……………………………………160
宝石………………………………………160
琺瑯(ほうろう)…………………………132, 134
琺瑯鉄器…………………………………134
ポースレン………………………………7
ポッタリー………………………………7
ポートランドの壺……………………21, 109
ボヘミアン・グラス………………37, 130
ホモ・ファーベル………………………81
ポルトランドセメント………………39
ボールミル………………………………18
ホワイトウエア…………………………7
本阿弥光悦……………………8, 13, 70, 79, 122
本業………………………………………125
ボーン・チャイナ……………………20, 108
本焼………………………………………30

ま

マイセン窯 …………………… *20*, 108, 125
勾玉(まがたま) …………………………… *43*, 161
マグマ ………………………………… 139
マジョリカ陶器 ……………… *18*, 106
松平不昧 ……………………………… *70*, 73
抹茶 …………………………………… *63*, 72
松永弾正久秀 ……………………… 67
マントル …………………………… 139

み

御影石(みかげいし) …………………………… 153
三島手 …………………………… *11*, 68
三輪休雪 …………………………… 126
美濃 ……………………………… *12*, 69
美濃窯 …………………………… *69*, 121
宮川香山 …………………………… 126
ミロのヴィーナス …………… *40*, 147
民芸運動 …………………………… 77

む

蒸茶(むしちゃ) ………………………………… 64
村上粘土 …………………………… 15
村田珠光(じゅこう) ……………………………… 66

め

明器 ………………………… 111, 117
名物 …………………………………… 70
梅瓶(めいびん) ……………………………… 119
瑪瑙(めのう) ……………………………… *42*, 160

も

モザイク ………………………… *41*, 147

索引 199

モース ………………………… 87, 100
模造品 ………………………………… 85
森村市左衛門 ……………………… 35
モルタル …………………………… 40

や

焼締(やきしめ) ……………………………… 29
焼締陶(やきしめとう) …………………………… 29, 118
焼接(やきつぎ) ……………………………… *43*, 86
薬研(やげん) ……………………………… 63
柳宗悦 …………………………… 77, 115
弥生土器 …………………………… 101

ゆ

釉(ゆう) ……………………………… *8*, 24
釉裏紅(ゆうりこう) ………………… 25, 27, 113
釉裏青(ゆうりせい) ………………… 24, 27, 113
油滴天目(ゆてき) ……………………… *6*, 80

よ

熔化(ようか) ……………………………… *11*, 42
窯業(ようぎょう) ……………………… *6*, 35, 44
洋食器 ……………………………… *5*, 52
窯変(ようへん) ……………………………… 12, 122
曜変天目(ようへん) ……………… *6*, *14*, 12, 80
耀変天目 …………………………… 12
窯炉 ………………………………… 28

ら

楽焼 …………………… *8*, *11*–*13*, 121
ラスター釉 ……………………… *18*, 106

り

陸羽 ………………………………… 63
李参平 …………………………… 123

李朝白磁 …………………………51, 115
緑茶 …………………………………64
緑釉 ………………22, 29, 111, 116
龍泉窯 …………………6, 23, 113
龍門大仏 …………………………149

る

ルーブル美術館………………………85
呂宋壺…………………………………68
瑠璃碗 ……………………………*36*

れ

レプリカ………………………………85

ろ

轆轤 ……………………………………21
ロゼッタ石 …………………………157
ローマン・グラス ………*36*, 109, 129
ローラー・ハース・キルン…………28

わ

ワグネル ……………………*4*, 36, 126
和食器……………………………………74
和陶……………………………………69
侘茶………………………………………66
侘数寄……………………………………54
和風陶器………………………………69

著者紹介
加藤　誠軌（かとう　まさのり）　1928 年生まれ
1949 年　熊本工業専門学校工業化学科卒業
1952 年　東京工業大学工業物理化学コース卒業
1957 年　東京工業大学研究科特別研究生修了
1958 年　東京工業大学工学部助手（共通施設 X 線分析室）
1967 年　東京工業大学工学部助教授（無機材料工学科窯業学第一講座）
1974 年　東京工業大学教授（工学部無機材料工学科）
1989 年　定年退官
　　　　東京工業大学名誉教授
　　　　元岡山理科大学教授
　　　　工学博士

著　書
「X 線回折分析」、「X 線で何がわかるか」
「X 線分光分析」、「研究室の Do It Yourself」
「ハイテク・セラミックス工学」
「やきものから先進セラミックスへ」（内田老鶴圃）他

2001 年 10 月 31 日　第 1 版発行

やきものの美と用
―芸術と技術の狭間で―

著　者　加藤　誠軌
発行者　内田　悟
印刷者　山岡　景仁

発行所　株式会社　内田老鶴圃　〒112-0012 東京都文京区大塚 3 丁目 34 番 3 号
電話（03）3945-6781（代）・FAX（03）3945-6782
印刷・製本／三美印刷 K. K.

Published by UCHIDA ROKAKUHO PUBLISHING CO., LTD.
3-34-3 Otsuka, Bunkyo-ku, Tokyo, Japan

U. R. No. 515-1

ISBN 4-7536-5409-5 C1050

セラミックス基礎講座　　　　　　　　　　　　　(各A5判)

⑩ やきものから先進セラミックスへ
　　　　　　　　　　　　　　　　　加藤誠軌著　324p・3800円
　　　セラミックス材料についての基礎知識／無機物質についての基礎知識／地球と岩石についての基礎知識／「やきもの」についての基礎知識　ほか

①	セラミックス実験	東工大無機材料工学科著	310p・2500円
②	材料科学実験	東工大材料系三学科著	226p・3000円
③	X線回折分析	加藤誠軌著	356p・3000円
④	はじめてガラスを作る人のために	山根正之著	210p・2300円
⑤	セラミックス原料鉱物	岡田　清著	166p・2000円
⑥	結晶と電子	河村　力著	280p・3200円
⑦	セラミックコーティング　陶磁とほうろうのうわぐすり	祖川　理著	216p・3800円
⑧	微粒子からつくる光ファイバ用ガラス	柴田修一著	152p・3000円
⑨	セラミックスの破壊学	岡田　明著	176p・3200円

X線分光分析
　　　　　　　　　　　　　　　　　　　　　加藤誠軌　編著
　　　　　　　　　　　　　　　　　　A5判・368頁・本体3800円
本書はX線と分光法に関する知識を，具体例を挙げながら，数式をほとんど使わずに解説する．非常に広い波長領域の分光法を詳述した貴重な成書．

研究室のDo it Yourself
　　　　　　　　　　　　　　　　　　　　　加藤誠軌　著
　　　　　　　　　　　　　　　　　　A5判・336頁・本体2800円
全く新しい発想や革新的なアイデアを生み出し，創造的研究を行うためにはどうすればよいか．本書は著者が実践してきた「ものづくり」に役立つ知恵を満載したユニークな書．

X線で何がわかるか
　　　　　　　　　　　　　　　　　　　　　加藤誠軌　著
　　　　　　　　　　　　　　　　　　A5判・160頁・本体1800円
我々の生活に密接に関係するX線とはどういったものなのか．文系，理系を問わずわかりやすく書かれた入門書．　1 X線入門　2 X線透過法　3 X線分光法　4 X線回折法　5 X線天文学

実践　陶磁器の科学
　　　　　　　　　　　　　　　　　　　　　高嶋廣夫　著
　　　　　　　　　　　　　　　　　　A5判・276頁・本体5000円
本書は，技術者として著者が自ら行ってきた仕事と経験を中心に執筆されたものであり，話題は，陶芸，工業用品からファインセラミックスにまで及ぶ．